EL
EFECTO
DOSE

EL EFECTO DOSE

**Pequeños hábitos para potenciar
tu química cerebral**

TJ POWER

HarperCollins

Editado por HarperCollins Ibérica, S. A.
Avenida de Burgos, 8B - Planta 18
28036 Madrid
www.harpercollinsiberica.com

El efecto DOSE. Pequeños hábitos para potenciar tu química cerebral
Título original: The DOSE effect. Small habits to boost yout brain chemistry
Publicado por primera vez en Gran Bretaña por HQ, un sello
de HarperCollins*Publishers* Ltd 2025
© TJ Power 2025
De la traducción, © Rosana Esquinas López

Diseño de cubierta de Kerry Rubenstein
Imágenes de © Jomic/Shutterstock
Todas las ilustraciones del interior de Chris Robinson
Diseño de Studio Nic&Lou
www.nicandlou.com

ISBN: 978-84-1064-324-6
Depósito legal: M-10042-2025
Impreso en España: Black Print

MIXTO
Papel
FSC   FSC® C159065

Te dedico este libro a ti y al camino de transformación de tu salud que estás a punto de emprender. Gracias por estar aquí.

Índice

BIENVENIDO A
EL EFECTO DOSE   8

PRESENTACIÓN DE   16
T.J.POWER

PARTE 1:   **LA DOPAMINA**
Capítulo 1: Estado de flujo   40
Capítulo 2: Disciplina   54
Capítulo 3: Ayuno telefónico   62
Capítulo 4: Agua fría   76
Capítulo 5: Mi propósito   86

PARTE 2:   **LA OXITOCINA**
Capítulo 6: Aportar   108
Capítulo 7: Contacto   116
Capítulo 8: Vida social   126
Capítulo 9: Gratitud   142
Capítulo 10: Logros   152

PARTE 3:　　**LA SEROTONINA**

Capítulo 11: Naturaleza　　172

Capítulo 12: Luz solar　　180

Capítulo 13: Salud intestinal　　188

Capítulo 14: Subpensar　　204

Capítulo 15: Sueño profundo　　214

PARTE 4:　　**LAS ENDORFINAS**

Capítulo 16: Ejercicio　　234

Capítulo 17: Calor　　248

Capítulo 18: Música　　256

Capítulo 19: Risas　　264

Capítulo 20: Estiramientos　　270

CONCLUSIÓN　　282

TUS ACCIONES DOSE　　292

COMBINACIONES DOSE　　296

LA REVOLUCIÓN DOSE　　298

AGRADECIMIENTOS　　301

REFERENCIAS　　302

Bienvenido a
El efecto DOSE

En este libro, te voy a contar una historia científica, la historia de una ruta alternativa que nos ayudará a avanzar en este mundo moderno. Es una ruta en la que celebramos los avances tecnológicos que no dejamos de aprovechar mientras, al mismo tiempo, volvemos a conectar con el camino que nos ha traído hasta aquí. Te proporcionaré una nueva manera de percibir cómo te implicas con la tecnología, tu vida, tu trabajo, tus relaciones y tu salud, una manera de vivir en la que la disciplina y la motivación surgen de forma sencilla y natural, una manera de hacer que la vida sea bonita y sea una experiencia repleta de energía en la que vivir tu nueva realidad todos los días.

DOSE es el acrónimo de las siguiente cuatro sustancias químicas clave que habitan en nuestro cerebro y nuestro cuerpo: la **dopamina**, la **oxitocina**, la **serotonina** y las **endorfinas**. Estas sustancias químicas han evolucionado en nuestro interior durante 300 000 años de desarrollo del ser humano[1] y son nuestras amigas. Están aquí para guiarnos hacia la mejor experiencia de nuestra vida que sea posible.

Nuestro objetivo a lo largo de *El efecto DOSE* no es otro que entender cómo escuchar estas sustancias químicas. Cuando entiendas cómo influyen en tus sentimientos, podrás aprender a dejarte guiar por ellas. Todas y cada una de ellas tienen una función concreta.

QUÉ SON
las sustancias químicas

Dopamina

**LA SUSTANCIA
DE LA MOTIVACIÓN**

Producida a partir de
la dedicación y el esfuerzo, la
dopamina te genera intención
y motivación para conseguir
objetivos significativos.[2]

Oxitocina

**LA SUSTANCIA
DE LA CONEXIÓN**

La oxitocina te conecta con
la gente a la que quieres y te
permite aumentar la
confianza en ti mismo.[3]

Serotonina

**LA SUSTANCIA
DEL HUMOR Y
LA ENERGÍA**

La serotonina genera
cambios importantes y
positivos en tu humor y tu
energía, además de guiarte
para desarrollar hábitos
saludables.[4]

Endorfinas

**LAS SUSTANCIAS
QUE ELIMINAN
EL ESTRÉS**

Las endorfinas se producen
con el movimiento físico,
disminuyen el estrés y
calman el cerebro.[5]

En primer lugar, hablemos de cómo los seres humanos hemos pasado el 99,9 por ciento de nuestro tiempo aquí, en la tierra.

Cuando empezó todo, estábamos totalmente sumergidos en el mundo natural mientras sobrevivíamos y prosperábamos como comunidades tribales. Para que te hagas una idea, se calcula que, durante la mayor parte de la historia de la humanidad, hemos pasado el 85 por ciento de nuestro tiempo en exteriores. En la actualidad, en el mundo moderno, pasamos solo el 7 por ciento.[6] Resulta fascinante imaginarse cómo se fue formando la química cerebral de nuestros antepasados con aquel estilo de vida. Los niveles de **dopamina** —la sustancia química de la motivación, la cual se produce por medio de la dedicación y el esfuerzo— debieron de ser altísimos, dados los desafíos constantes a los que se enfrentaban para sobrevivir. Los niveles de **oxitocina**, la sustancia química que genera conexión, seguramente aumentarían cada día, ya que para ellos era primordial estar en sintonía con el grupo con el fin de seguir existiendo. Los niveles de **serotonina**, la sustancia química encargada del humor y la energía, estarían en auge, dada la cantidad de días que pasaban al aire libre, en la naturaleza, expuestos a la luz solar y alimentándose de comida no procesada. Por su parte, los niveles de **endorfinas**, las sustancias químicas que reducen el estrés y que surgen a raíz del movimiento físico, tuvieron que ser muy altos cuando construían, cazaban y sobrevivían como grupo.

Durante gran parte de nuestra historia, pasamos el

85 %

del tiempo en exteriores.

En la actualidad, tan solo pasamos un

7 %

de nuestro tiempo en exteriores.

A continuación, imaginemos que trasladáramos a un grupo de cazadores-recolectores al mundo actual.

De repente, tienen acceso a comidas procesadas cargadas de azúcar, y sus niveles de **dopamina** empiezan a disminuir. No paran de distraerse con el móvil y las redes sociales, y sus niveles de **oxitocina** decaen. Empiezan a pasarse todo el día en interiores y, por las noches, se quedan despiertos hasta bien tarde, y sus niveles de **serotonina** bajan. Se vuelven sedentarios, pasan el día sentados delante de un escritorio, y sus niveles de **endorfinas** disminuyen. Así es nuestra sociedad actual. Muchos de nosotros tenemos estilos de vida que nos impiden producir las suficientes sustancias químicas necesarias. Sin embargo, cuando entendemos esto, la respuesta es sencilla. La tienes entre tus manos ahora mismo.

LA RESPUESTA:
*El libro
que tienes
entre tus manos
ahora mismo.*

Tu camino DOSE empieza aquí

En cada sección de *El efecto DOSE*, ahondarás en una de las cuatro sustancias químicas cerebrales principales. En cada sustancia, descubrirás cinco Acciones DOSE. Se trata de actividades respaldadas por la ciencia diseñadas para optimizar esa sustancia en concreto. Te recomiendo que una vez a la semana hagas una de estas Acciones DOSE. De esta manera, no tardarán en convertirse en una parte importante de tu día a día. Este proceso será factible y tendrá un impacto increíble en tu vida. El mundo en el que vivimos es maravilloso y el progreso que estamos haciendo como sociedad es fantástico. Los cazadores-recolectores habrían soñado con el mundo en el que vivimos hoy. Ahora nosotros debemos volver a soñar con su mundo y encontrar un equilibrio entre lo que somos instintivamente como seres humanos y aquello en lo que nos estamos convirtiendo en un mundo que no deja de avanzar.

Para sacarle el máximo partido a este libro y transformar tu vida de verdad, hay un impulso fundamental con el que debes empezar a conectar inmediatamente. Me refiero a los sentimientos y los mensajes que te mandan tu cerebro y tu cuerpo cada día. Ahora bien, ¡al principio puede parecerte raro! Pero estoy seguro de que a veces sientes emociones en el estómago y, otras veces, en el cerebro; sentimientos de insatisfacción, soledad, falta de autoestima, cansancio, preocupación y estrés. Estos sentimientos surgen en tu interior por una razón. Están aquí para guiarte a hacer cambios, cambios en tu forma de vivir la vida.

Debes entender que el cerebro es un mecanismo de supervivencia. Nuestro cerebro se las ha apañado para ayudarnos a sobrevivir como especie durante más de 300 000 años, y no ha sido fácil. Tómate un momento para imaginarte cómo debió de ser intentar sobrevivir a la intemperie en inviernos helados sin las comodidades con las que contamos hoy en día. Es un milagro que sigamos aquí. La razón por la que estamos aquí son los poderosos instintos que nos han llevado a sobrevivir. Dichos instintos nos han hecho querer cazar, cuidar de nuestros hijos, construir refugios y seguir innovando en todos y cada uno de los aspectos de nuestra vida para prosperar. Cuando adoptamos estos comportamientos, experimentamos sentimientos gratificantes tanto en el cuerpo como en la mente, y eso hace que queramos repetirlos. Estos sentimientos gratificantes eran las sustancias químicas que activaban nuestro cerebro.

Hoy en día, nuestra vida es muy diferente. Sin embargo, nuestra química cerebral sigue funcionando de la misma manera. Sigue intentando guiarnos; no obstante, antes nos recompensaba por los comportamientos que creaban las condiciones óptimas para la supervivencia y ahora lo hace por los comportamientos que provocan nuestro declive. Por ejemplo, no es casualidad que, cuando postergas las tareas y no dejas de escrolear en el móvil durante horas, luego te sientes agotado y desmotivado. Tu mente sabe que escrolear no es la manera de convertirte en la mejor versión de ti mismo en el futuro. Por eso tu cerebro hará que te sientas fatal, con el fin de empujarte a que modifiques tu comportamiento. Lo mismo sucede cuando comes mucho azúcar, te quedas en casa mucho tiempo sin salir, te pasas todo el día sentado, bebes demasiado alcohol o ves demasiado porno. Todas estas acciones que se han convertido en algo normal en nuestra forma de vida de hoy en día reducen nuestro potencial como especie. Por eso, las sustancias químicas cerebrales seguirán enviándonos mensajes negativos hasta que las escuchemos y hagamos cambios. Lo que tienes que hacer es muy fácil: empezar a escuchar. Presta atención a cómo tus comportamientos del día a día hacen sentir a tu cerebro y a tu cuerpo. Por ejemplo, empieza a ser más consciente de cómo afectan a tu mente el azúcar y las redes sociales. Más adelante, cuando empieces a comprometerte a llevar a cabo Acciones DOSE y reequilibres tu cerebro, necesito que también le prestes atención a lo que sientes. Fíjate en cómo aumentan la motivación y los sentimientos de confianza, y en cómo mejora tu estado de ánimo y cómo se relaja la mente. Si observas los cambios, es más fácil seguir el camino para tener una vida más sana. La motivación empieza a surgir desde nuestro interior y no percibirás estos hábitos como una carga. En vez de eso, los percibirás como un regalo.

He creado y diseñado este libro de una forma muy concreta según el funcionamiento de nuestro cerebro. Al leer *El efecto DOSE*, podrás entender el cometido de cada sustancia química cerebral concreta, descubrirás cuál es la sensación que surge cuando alguna de ellas está presente en niveles altos o bajos, e identificarás las causas principales que crean dichas experiencias. Por último, pero no por ello menos importante, empezarás a superar retos. La intención de este libro es que cambies tus hábitos. Los retos son concretos y realistas. Poco a poco, tu estilo de vida irá cambiando, y ese cambio producirá una transformación de la forma en que funciona tu cerebro a diario.

El efecto DOSE

Si sigues esta fórmula, te prometo lo siguiente: conseguirás crear una vida en la que puedas alcanzar los objetivos que sean más importantes para ti; confiarás en la persona que eres y estarás conectado con tus seres queridos; lograrás levantarte lleno de energía y preparado para empezar el día; y serás capaz de sentirte realmente en paz y relajado. Me alegro mucho de que estés aquí. Una nueva vida te espera.

Presentación de T. J. Power

Hola, me llamo T. J. Power y te estaré guiando en este camino del efecto DOSE. Me hace mucha ilusión tenerte aquí. Dada la relación que vamos a entablar a lo largo de este libro, creo que te será útil saber un poco de mi historia hasta ahora y qué me ha traído hasta aquí.

Soy una persona que lo pasó francamente mal en el colegio. Me costaba mucho conectar con asignaturas que no me parecían interesantes. Cuando tenía dieciséis años, fui a una universidad del Reino Unido y descubrí por primera vez lo que era la psicología. Enseguida me enamoré de ella y quise aprender más. Durante los cinco años siguientes, pasé por épocas complicadas cuando era un chico joven. Perdí a cinco personas, tanto mayores como jóvenes, con las que tenía una relación muy cercana. A los veintiún años, ya había llevado cuatro ataúdes sobre mis hombros. Aquella etapa de mi vida me hizo madurar mentalmente y, a menudo, tenía el ánimo por los suelos. En esa época, me refugié en un estilo de vida que consistía en salir de fiesta, como suele pasar. Por desgracia, empecé a desarrollar comportamientos que, como veremos más adelante, me creaban adicción a la dopamina. Hacía estas cosas con la intención de pasármelo bien, pero también para evadir mis emociones. Mientras tanto, me seguía encantando estudiar psicología, y el verano antes de empezar a estudiar un máster, decidí que, por primera vez, quería tener un cuerpo y una mente sanas. Para ello, resolví irme a vivir al campo con mi abuelo. Me concedí el tiempo necesario para centrarme en mi mente y reconocer mis sentimientos instintivos. Esto fue el punto de partida hacia una vida más feliz y centrada. No hice otra cosa que intentar ordenar mi mente deprimida y adicta.

Mientras cursaba el máster, me centré en el camino para ser neurocientífico estudiando ciencias de la salud, psicología y neurociencia. Tuve muchísima suerte porque con veintiún años me ofrecieron la oportunidad de impartir mis propios seminarios en la Universidad de Exeter y pude hablar sobre investigaciones centradas en temas que me encantaban: psicología, neurociencia, el estado de flujo y muchos más. Mi camino para convertirme en un neurocientífico respetado no tardó en coger gran impulso. Dos meses más tarde, di una conferencia en la Universidad de Oxford, a la que siguieron otras en muchas universidades más. Durante esta época, se me ocurrió la idea que subyace en *El efecto DOSE*: una fórmula sencilla, respaldada por la ciencia, fácil de entender y que cualquier persona podría aplicar, una fórmula que se centra en lo positivo y proporciona a las personas una guía, con un objetivo y una dirección para llegar donde quieran. No tardé en descubrir que era mucho mejor que la gente buscara sentirse bien en lugar de huir de sentirse mal.

Tras cursar el máster y dar clases, cofundé la empresa Neurify y pasé a ser el neurocientífico principal de nuestro centro de investigación, The DOSE Lab. Neurify es una importante empresa internacional de formación en salud mental y mejora del rendimiento. Durante los primeros años de Neurify, impartí formaciones a las que llamo DOSE Live. Formé personalmente a más de 50 000 personas en dos años y me sorprendieron los resultados. Empezamos a evaluar los datos clave de los participantes antes y después de la formación, y conseguimos resultados increíbles.

Algunos de nuestros descubrimientos fueron:

48 % DE MEJORÍA EN LA CONCENTRACIÓN Y EN LA FOCALIZACIÓN PROFUNDA

49 % DE MEJORÍA EN LA MOTIVACIÓN A LO LARGO DEL DÍA

50 % DE MEJORÍA AL USAR EL MÓVIL DE FORMA SALUDABLE

59 % DE MEJORÍA EN LOS NIVELES DE ENERGÍA DIARIOS

30 % DE MEJORÍA EN AUTOCONFIANZA Y DIÁLOGO INTERNO POSITIVO

54 % DE MEJORÍA EN LA CALIDAD DEL SUEÑO

32 % DE MEJORÍA EN LA CAPACIDAD PARA GESTIONAR NIVELES DE ESTRÉS ALTOS

29 % DE MEJORÍA EN LA CAPACIDAD PARA GESTIONAR LA ANSIEDAD

40 % DE MEJORÍA EN LA MOTIVACIÓN PARA HACER EJERCICIO

41 % DE MEJORÍA EN COMER DE FORMA SALUDABLE

* Los datos presentados se han obtenido usando una escala de Likert de 1-7 antes y después de la experiencia de formación en DOSE Live. Más información en *www.thedoselab.com*.

No podía creérmelo. Diseñamos un método que todo el mundo parecía entender, un método que calaba hondo en la gente y que funcionaba de verdad. Al
enterarme de esto, me centré. Incluso llegué a estar más centrado de lo que
había estado antes. Empezamos a formar un equipo increíble, una plataforma
tecnológica asombrosa y productos físicos, y ello nos ha traído hasta el día de
hoy, con el honor más grande de mi vida hasta el momento: la oportunidad
de escribir este libro. Después de más de una década dedicada a investigar y
tras haber enseñado este concepto a miles de personas, lo he compendiado
todo en *El efecto DOSE*.

Este libro te proporcionará la solución más clara imaginable para prosperar de
verdad en nuestro mundo moderno. Espero que te parezca divertido e interesante y, lo más importante, espero que tenga un efecto transformador en tu
vida.

Gracias por estar aquí.

Empecemos.

T. J.

PARTE

1

Desarrollar la habilidad de conseguir tus objetivos

DOPAMINA
DOPAMINA
DOPAMINA
DOPAMINA
DOPAMINA
DOPAMINA
DOPAMINA
DOPAMINA
DOPAMINA
DOPAMINA

Qué es la DOPAMINA

La dopamina es una sustancia química cerebral que se ha vuelto increíblemente conocida en el mundo actual. Probablemente, ya hayas oído que recibes pequeños «chutes» de dopamina al escrolear con el móvil, al beber alcohol o al comer alimentos azucarados.[1]

Si bien lo anterior es cierto, la dopamina es responsable de muchísimas más cosas. Aprender a aumentar la cantidad de dopamina que produces de forma natural todos los días tendrá una incidencia descomunal en tus niveles de motivación y, con ello, en tu capacidad para perseguir los objetivos que tengas en la vida.[2]

Necesitas aprender cómo aumentar de forma natural la cantidad de dopamina que produces a diario.

Los principios de la dopamina

PRINCIPIO 1:
HACE QUE EL ESFUERZO NOS SIENTE BIEN

En primer lugar, hemos de entender cuál es la función principal de la dopamina. Para nuestros antepasados cazadores-recolectores, la dopamina era la responsable de suscitar en nuestro interior el impulso necesario para llevar a cabo las duras tareas que nos mantenían con vida.[3] Por ejemplo, la actividad diaria de la que dependía el que comiéramos o no: la caza, una actividad para la que hacía falta una motivación descomunal y mucha concentración. En nuestro cerebro, la dopamina aumentaba y nos generaba el ferviente deseo de encontrar comida.[4]

Después, durante el proceso de caza, la dopamina seguía aumentando a medida que nos acercábamos a nuestro objetivo. Si conseguíamos cazar un animal, la dopamina volvía a aumentar y ello derivaba en una experiencia de recompensa increíble que le proporcionaba alegría a nuestro cerebro. Seguidamente, esta sensación de recompensa reforzaba nuestro deseo de llevar a cabo esta tarea tan desafiante con asiduidad y, por ello, aumentaba la probabilidad de que sobreviviéramos.[5] La clave para entender la dopamina es que, para conseguirla, tienes que centrarte en terminar tareas para las que al principio necesitas esforzarte pero que, poco a poco, te irán generando una sensación de avance que hará que te sientas genial después. Un ejemplo muy sencillo de esto podría ser ordenar la casa,[6] una actividad que es fácil dejar de lado e ir posponiendo al preferir hacer otras cosas. No obstante, cuando por fin lo haces, ello te genera una sensación de satisfacción y te sientes realizado. Esta sensación surge como resultado del aumento de dopamina en tu cerebro.

PRINCIPIO 2:
CONTROLA EL EQUILIBRIO ENTRE EL PLACER Y EL DOLOR

A continuación, explicaremos cómo el mundo actual le pone las cosas difíciles a la sustancia química vital de nuestro cerebro. Una forma increíblemente sencilla y efectiva de entender esto es a través de un concepto maravilloso popularizado por Anna Lembke en *Generación dopamina: Cómo encontrar el equilibrio en la era del goce desenfrenado*, el concepto del equilibrio entre el placer y el dolor.[7] Investigaciones neurológicas recientes han demostrado que las partes del cerebro que experimentan el placer y el dolor están «colo-

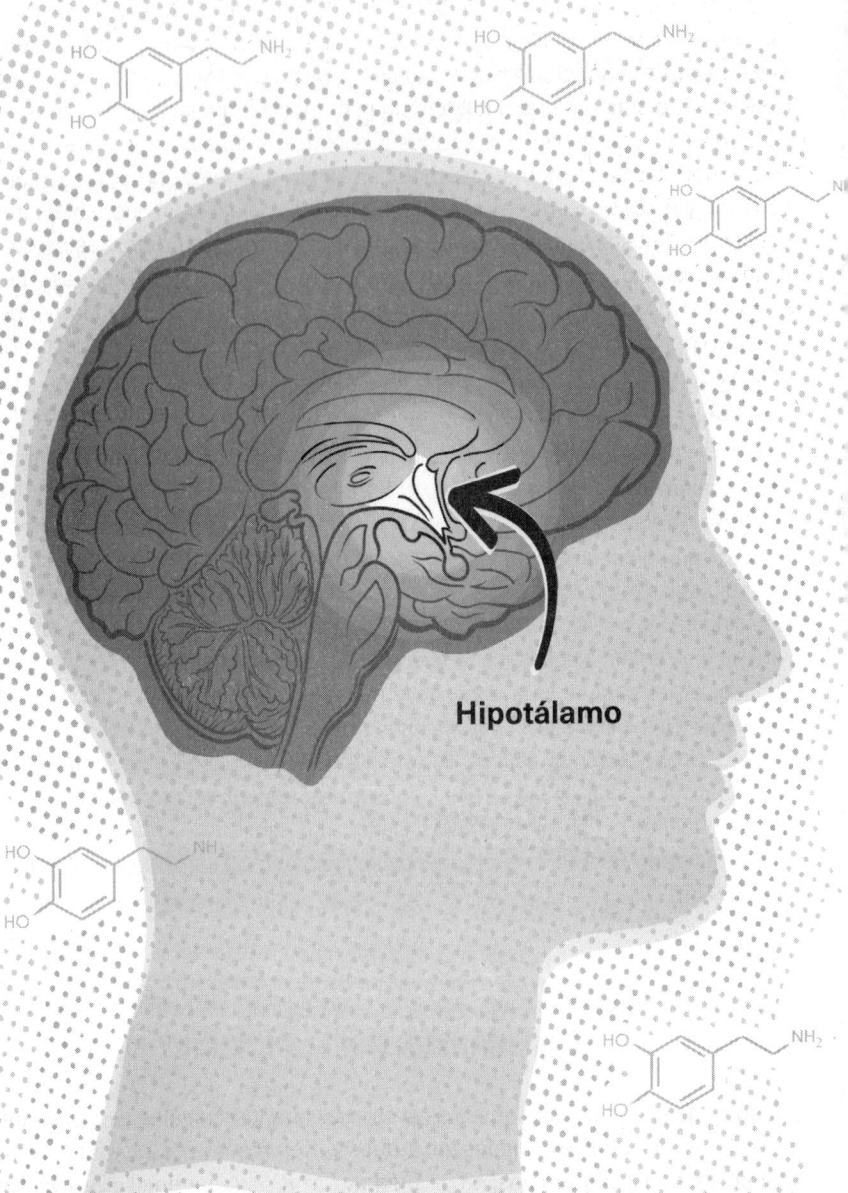

Hipotálamo

calizadas». Dicho de otro modo, están situadas la una junto a la otra en el cerebro, en una región llamada hipotálamo.

Este dato es especialmente interesante, ya que, dada su ubicación compartida, funcionan como un balancín. Es decir, cuando haces actividades difíciles, «dolorosas» y que te generan tensión o malestar físico o mental, como forzarte a ir al gimnasio o concentrarte durante mucho tiempo al trabajar, el balancín se inclina hacia el lado del dolor. Volvamos a nuestros antepasados para entender esto mejor. Dedica un momento a imaginarte que pasas cinco horas al aire libre, hace frío y estás buscando comida y refugio. Era una actividad increíblemente desafiante. Ante tales dificultades, era crucial que nuestro cerebro desarrollara un mecanismo de supervivencia que garantizara que realizar actividades difíciles, al final, nos hiciese sentir bien de verdad. Con el balancín inclinado por el lado del «dolor», el lado del «placer» se elevaba, lo que generaba una sensación positiva de recompensa en la mente de nuestros antepasados. Esto, a su vez, reforzaba las actividades «dolorosas» que eran esenciales para nuestra supervivencia.

En un principio, la única manera de aumentar nuestros niveles de dopamina era a través de estas actividades tan arduas y «dolorosas» como cazar, buscar alimentos, construir refugios, hacer fuego y hallar un lugar en el que vivir. No obstante, con el paso del tiempo, no tardamos en encontrar formas de estimular nuestro sistema de dopamina sin esforzarnos. Eso es lo que sucede con los cigarrillos, el alcohol, las drogas, la pornografía, la comida basura y, en la actualidad, las redes sociales.[8]

Volvamos al equilibrio entre el placer y el dolor con la imagen del balancín. Del mismo modo que las actividades «dolorosas» hacen que el cerebro experimente «placer», las actividades que hemos mencionado antes inclinarán el balancín en el lado opuesto y harán que el cerebro experimente «dolor». Sencillamente, esta es la evolución en su máxima expresión, lo que nos ayudó a sobrevivir. Es maravilloso que tengamos un mecanismo en nuestro cerebro que nos recompensa cuando tenemos comportamientos clave que aumentan las probabilidades de sobrevivir, y nos haga sentir mal cuando hacemos algo que reduce dichas probabilidades.

Durante estas actividades tan placenteras cargadas de dopamina, el cerebro también produce una sustancia neuroquímica increíblemente inteligente llamada dinorfina. Para disuadirte de adoptar con más frecuencia este tipo de comportamientos, se libera dinorfina, una sustancia que le genera malestar al cerebro.[9] Dicho malestar puede manifestarse en forma de sentimientos depresivos y de decaimiento de ánimo crónico. Es lo que sientes el día después de haber bebido demasiado alcohol, comido demasiado azúcar o haber pasado demasiado tiempo viendo vídeos en las redes sociales.

Al leer *El efecto DOSE*, descubrirás cómo convertirte en un cazador-recolector moderno gracias a la incorporación progresiva en tu rutina de actividades clave que inclinarán este balancín de equilibrio entre el placer y el dolor hacia el lado del dolor natural, el cual es más sostenible y te llevará a ser más feliz y a estar más motivado. Nuestro objetivo ya no es cazar animales o construir refugios; ahora, a lo largo de este viaje, tu objetivo serán tus propósitos, tus pasiones, tus relaciones y la salud de tu cuerpo y tu mente.

¿Tienes los niveles de dopamina bajos?

Ahora que ya has entendido qué es la dopamina, lo primero que voy a necesitar que hagas es averiguar cuáles son tus comportamientos habituales que podrían estar reduciendo tus niveles de dopamina. Nos referiremos a estos hábitos como dopamina rápida. Cuando tenemos la dopamina baja, al principio te sentirás desmotivado e irás posponiendo las cosas.[10] Si tu sistema de dopamina está siempre bajo mínimos por adoptar estas costumbres durante largos periodos de tiempo, primero experimentarás un estado de ánimo bajo y síntomas de depresión.[11] Los seis comportamientos principales que harán que tus niveles de dopamina disminuyan son los siguientes:

Las SEIS causas principales por las que tienes la dopamina baja

1 COMIDAS AZUCARADAS

2 ALCOHOL Y DROGAS (INCLUIDOS LOS VAPEADORES)

3 PORNOGRAFÍA

4 REDES SOCIALES[12]

5 JUEGOS DE APUESTAS

6 COMPRAS POR INTERNET

Si al leer esta lista te has sorprendido porque tienes varios de esos comportamientos en tu día a día, es importante que sepas que es algo muy común en el mundo de hoy. Desde que era muy joven, estos hábitos me parecieron increíblemente tentadores y adictivos. Empecé a hacer estas cosas cuando era adolescente y he recorrido un camino interesante de descubrimiento durante los últimos diez años para aprender a gestionarlos. Por ejemplo, si pienso en cómo era un día normal en la universidad, sería algo así: me levantaba e inmediatamente me ponía a mirar las redes sociales en el móvil antes de terminar de convencerme de que ya era hora de salir de la cama. De camino a clase, me ponía los auriculares y escuchaba música o un pódcast, y no dejaba de mirar el móvil por si tenía notificaciones. Después, escogía algo de comida rápida y poco sana para comer. Me sentaba frente al portátil e intentaba trabajar un poco, pero no tardaba en distraerme viendo vídeos de YouTube o escribiéndoles a mis amigos para no aburrirme y no sentirme solo. Cuando iba a clase, me era imposible concentrarme. Me iba a casa para poder empezar a beber pronto con mis amigos y a menudo acababa saliendo de fiesta hasta altas horas de la noche. Me levantaba con ansiedad, y después, vuelta a empezar; así un día tras otro.

Me identifico muchísimo contigo por estar en un mundo moderno con todas estas tentaciones increíblemente adictivas, con independencia de la etapa de la vida en la que te encuentres. Por eso siento que puedo ayudarte con este tema. A lo largo de este libro, compartiré contigo las ideas y estrategias más valiosas que he aprendido. Así podré ayudarte a sortear estos comportamientos en nuestro mundo dopaminérgico altamente adictivo.

Antes de centrarnos en qué cosas reducen la dopamina, quiero demostrarte de forma visual cómo estas actividades influyen de forma negativa en tus niveles de dopamina. Como ya sabes, la dopamina es una sustancia química diseñada para «ganárnosla» a través del esfuerzo.[13] Por ejemplo, fíjate en el momento en el que estás ahora mismo leyendo este libro. Es un ejemplo perfecto de lo opuesto a las actividades que generan dopamina rápido (leer es una actividad baja en dopamina). Cuando abres este libro y empiezas a leer, tu cerebro no experimenta de forma inmediata un chute de placer. No obstante, tras llevar un tiempo concentrado, quizá entre cinco y diez minutos, notarás cómo surge una sensación de satisfacción y realización. Esto se debe a que te has «ganado» el placer. Échale un vistazo al gráfico de la siguiente página para ver cómo sucede.

En este gráfico, verás los niveles de dopamina a la izquierda (el eje de las «y»). Tenemos un nivel basal de dopamina, es decir, la cantidad de dopamina que tu cerebro suele producir de forma natural. Seguidamente, está la dopamina baja por debajo, y la dopamina alta por encima. De izquierda a derecha, el eje de las «x» representa el tiempo, es decir, la cantidad de tiempo que tardan en aumentar tus niveles de dopamina.

Retomando el ejemplo de la lectura, los niveles de dopamina irán aumentando poco a poco mientras lees, como resultado de que tu cerebro está implicado en ese esfuerzo. De esta forma surge la sensación positiva de recompensa y satisfacción. Cuando dejas de leer, tus niveles de dopamina van disminuyendo poco a poco hasta llegar al nivel basal.

EFECTOS DE LA DOPAMINA LENTA

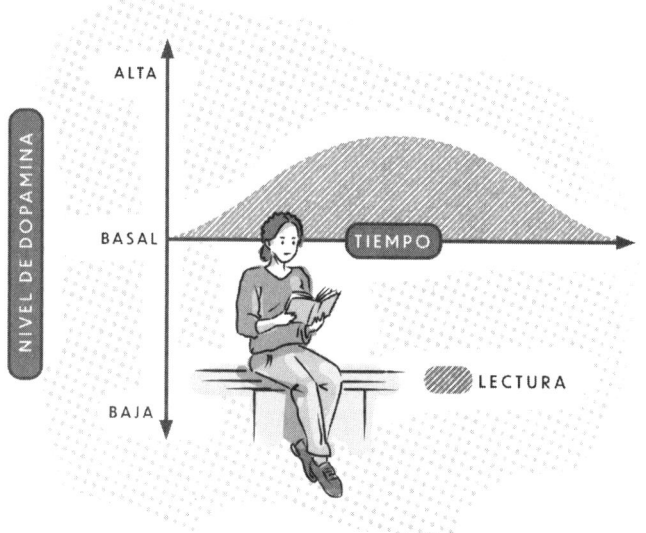

A continuación, fijémonos en lo que ocurre en nuestro cerebro al escrolear por redes sociales, actividad esta que nos da un chute de dopamina rápido. En cuanto abres las aplicaciones de las redes sociales, notas que te sientes genial, tus niveles de dopamina aumentan rapidísimo y tu cerebro experimenta una sensación de placer.[14] En cuanto al reto que esto crea, sucede como con todo en nuestro universo. Como explican las leyes de la física, «todo lo que sube baja». El cerebro y el cuerpo siempre están buscando una cosa llamada «homeostasis», lo cual significa 'equilibrio'. Teniendo esto en cuenta, cuando los niveles de dopamina aumentan muy muy rápido al navegar por las redes sociales, el cerebro piensa: «Vaya, ¿cómo es posible que mis niveles de dopamina estén tan altos?». Para alcanzar la homeostasis, o equilibrio, la dopamina tiene que descender rápidamente a una cantidad igual o inferior a tu nivel basal para reequilibrarse. Es por eso por lo que puede que acabes sintiéndote incluso peor que antes de empezar a usar las redes sociales.[15]

Echemos un vistazo a este segundo gráfico. En él puedes ver que, en cuanto abríamos las redes sociales, en el cerebro aumentaba la dopamina. Por eso escrolear es tan tentador y adictivo. Nuestros antepasados tenían que pasar cuatro horas cazando para conseguir un aumento de la dopamina como este. Hoy en día, podemos experimentarlo instantáneamente cada vez que queramos, sin tener que dedicarle cuatro horas a una actividad, como hacían ellos, para ganarnos esa dopamina lenta. En este gráfico, podemos ver que, en cuanto dejamos el móvil, aumentan los síntomas de tener la dopamina baja, como la desmotivación, la procrastinación y un estado de ánimo decaído.

De nuevo, recuerda que ello no es más que tu cerebro intentando ayudarte. El cerebro sabe que pasarte dos horas tumbado en la cama escroleando en vez de irte a dormir no te va a ayudar a progresar como persona. Cuando aprendas a escuchar las indicaciones de tu mente en lugar de resistirte a ellas, te esperará una nueva experiencia de vida.

EFECTOS DE LA DOPAMINA RÁPIDA

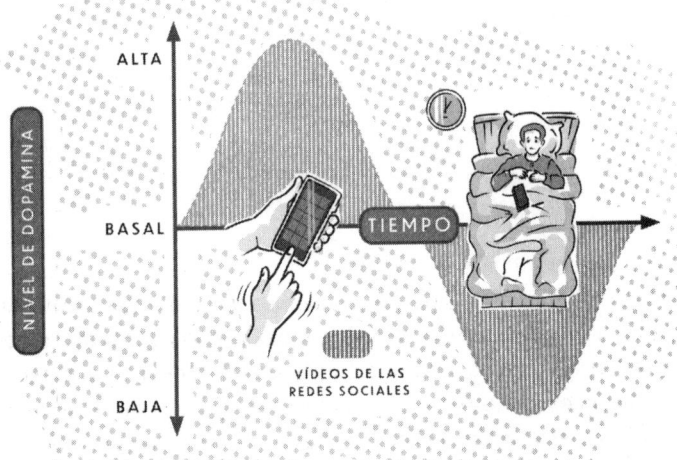

NIVEL DE DOPAMINA

ALTA

BASAL

TIEMPO

BAJA

VÍDEOS DE LAS REDES SOCIALES

Cuando tus niveles de dopamina no dejan de subir a lo más alto y disminuir de repente, de forma repetida, tu sistema dopaminérgico se agota. Si todas las mañanas nos montamos en el coche y aceleramos el motor durante cinco minutos sin meter ninguna marcha y sin arrancar, el motor podría llegar a quemarse. De forma similar, muchos de nosotros estamos quemando nuestro sistema dopaminérgico al abusar de comportamientos placenteros. Esta es una de las principales causas de síntomas de desmotivación y depresión que podrías experimentar en tu vida.[16]

Cualquiera de los comportamientos mencionados anteriormente (los dulces, el alcohol, las drogas, la pornografía, los juegos de apuestas y las redes sociales) provoca picos y caídas notables en el sistema dopaminérgico. Estos picos rápidos de dopamina son los que hacen que estos comportamientos sean adictivos en extremo.

Andrew Huberman, un conocido neurocientífico, define la adicción como «el estrechamiento progresivo de las cosas que te producen placer».[17]

Quiero que vuelvas a leer esa frase y pienses si es algo que podría describir tu caso. Sin duda, creo que esa frase me identificó durante gran parte de mi vida. «El estrechamiento progresivo de las cosas que te producen placer». Tal vez hayas notado que muchos de los momentos placenteros de tu vida suelen suceder en mayor medida cuando navegas de una red social a otra, comes comidas azucaradas o bebes alcohol. De nuevo, esto es algo normal y no es motivo para juzgarte a ti mismo. El reto que esto crea es que no paras de tener la dopamina alterada, ya que estos comportamientos agotan la única sustancia química del cerebro que te va a proporcionar el impulso para crear la vida que quieres tener. Cuando vemos el lado alternativo de la frase de Huberman: «Una buena vida es la expansión progresiva de las cosas que te producen placer», podemos empezar a explorar una nueva forma de vivir.[18]

Queremos encontrar placer más allá de estos comportamientos que proporcionan un chute de dopamina rápido, y, en su lugar, descubrir formas de felicidad más naturales.

La felicidad natural es:

1 CONECTAR DE VERDAD CON LOS DEMÁS

2 MOVER EL CUERPO

3 COMER ALIMENTOS NUTRITIVOS

4 LEER LIBROS

5 TENER SUEÑO DE CALIDAD

6 CUIDAR DE TU CASA

7 TRABAJAR PARA CONSEGUIR TUS OBJETIVOS

A lo largo de este libro, te ayudaré a contrarrestar los efectos negativos del adictivo mundo actual y te enseñaré a encontrar verdadero placer en los momentos de dicha natural que te puede ofrecer la vida.

Cómo es experimentar niveles de dopamina altos

Si realizas con más frecuencia actividades que requieren esfuerzo, tu capacidad para experimentar niveles altos de dopamina aumentará.

En un estado de dopamina alto, notarás dos síntomas principales. Te sentirás productivo, verás que tus niveles de motivación son más altos y percibirás que completar las actividades de tu vida que sabes que son buenas para ti es mucho más factible.[19] También notarás la sensación de estar entusiasmado con más frecuencia.[20] ¿Conoces la sensación de estar ilusionado de verdad con la vida? Eso es tener la dopamina alta. Una forma genial de entenderlo es observar cómo nos sentimos a lo largo de la semana. Como es normal, quizá notes que el lunes por la mañana no estás nada entusiasmado; más bien, te sentirás un poco perezoso y desmotivado. Los jueves y los viernes sucederá lo contrario, ya que esos días la vida sí que podría hacerte ilusión. La gente cree que esto sucede simplemente porque se acerca el fin de semana. Sin embargo, es mucho más complicado. Los viernes, sábados y domingos, lo típico es hacer actividades que nos den un chute rápido de dopamina. Beberemos más alcohol, comeremos más dulces y pasaremos más tiempo con el móvil. Posteriormente, esto derivará en un lunes por la mañana con muy poca dopamina; de ahí la falta de entusiasmo, motivación y capacidad para concentrarse. Después, a lo largo del lunes, martes, miércoles y jueves, nos embarcamos en actividades que requieren más esfuerzo y nos proporcionan menos dopamina. Estas actividades podrían consistir en esforzarse mucho en el trabajo, tener la casa limpia y ordenada o ir al gimnasio con más frecuencia. Al hacer estos esfuerzos a lo largo de la primera mitad de la semana, vamos generando dopamina, lo cual deriva en un estado de entusiasmo y motivación.

Tener ilusión por el futuro es fundamental para tu salud mental. Ahondaremos en cómo conseguirlo a lo largo de nuestro recorrido por *El efecto DOSE*.

A la hora de analizar tu capacidad tanto de resistirte a entrar en dinámicas de comportamientos adictivos que te generan placer como de asegurarte de incorporar actividades en tu día a día que sabes que te beneficiarán en el futuro, debemos tener en cuenta lo firme que es tu fuerza de voluntad. La ciencia de la fuerza de voluntad es fascinante y es algo que todos necesitamos reforzar urgentemente para prosperar en el mundo moderno. La fuerza de voluntad podría definirse como tu capacidad para resistirte a las tentaciones a corto plazo con el fin de conseguir tus objetivos a largo plazo. Te pondré un ejemplo muy sencillo: si has decidido que tu objetivo a largo plazo es alimentarte de forma más sana y mejorar tu salud física, entonces, evitar comer chocolate y galletas y escoger en su lugar alimentos naturales es algo que contribuye a tu objetivo.

Hablemos ahora de la ciencia: hay una zona específica de tu cerebro llamada corteza cingulada medial anterior (o aMCC, por sus siglas en inglés).[21] En cualquier momento en el que te resistas a un comportamiento adictivo u optes de forma voluntaria por perseguir un hábito saludable, esta parte del cerebro se iluminará. Lo fascinante es que cuanto más a menudo se active, más fuerte se volverá. Digamos que es parecido a ir al gimnasio y hacer flexiones de bíceps para fortalecer los brazos.[22] Con cada repetición, los brazos van ganando fuerza. Con cada activación del aMCC, tu fuerza de voluntad se hace más fuerte. Lo interesante es que, a medida que esta parte del cerebro se fortalece, tu capacidad para seguir siendo disciplinado aumenta. Si, por ejemplo, terminas de trabajar y piensas: «Debería ir al gimnasio», y tu cerebro contesta: «Aaah, pero no me apetece», y aun así te obligas a hacerlo, tu aMCC se activará y se hará más fuerte, lo que a su vez hará que la próxima vez que produzca esta negociación en tu mente te sea más fácil ganar la partida. Cuando conoces a una de esas personas muy disciplinadas, que comen bien, hacen mucho ejercicio y trabajan mucho, y piensas: «¿Cómo puede con todo?». Esa persona ha activado su aMCC.

Quiero que escojas un comportamiento que te genere adicción a la dopamina. Lo usarás para empezar a fortalecer tu aMCC y tu fuerza de voluntad.

Primero, selecciona el comportamiento:

1 **COMIDAS AZUCARADAS**

2 **ALCOHOL Y DROGAS (INCLUIDOS LOS VAPEADORES)**

3 **PORNOGRAFÍA**

4 **REDES SOCIALES**

5 **JUEGOS DE APUESTAS**

6 **COMPRAS EN INTERNET**

A lo largo del resto de la semana, cuando sientas la urgencia de hacer eso, quiero que pienses en esta sección del libro. Ahora mismo, en mi caso, serían las redes sociales. Mientras escribo este libro, en este preciso momento, tengo la imperiosa necesidad de dejar de escribir, mirar el móvil, escrolear y obtener un chute de dopamina rápido. Me estoy recordando a mí mismo que cada vez que me resisto a hacerlo mi aMCC se activa, mi fuerza de voluntad aumenta y mi capacidad de adentrarme en estados profundos de concentración mejora. Para ti quizá sean las comidas azucaradas, el porno o el alcohol. Cada vez que consigas resistirte a hacerlo, recuérdate que eso es una repetición de gimnasio para tu cerebro. Cuanto menos necesites comportarte así para tener un chute de dopamina rápido, más motivado y positivo estará tu cerebro.

Enhorabuena por leer la introducción sobre la dopamina. No es fácil darle prioridad a la lectura sobre el resto de las actividades de tu vida. Celébralo como un logro. Ahora estás dando pasos importantes hacia un futuro más positivo. El mundo actual está repleto de distracciones y placeres. Aquellos que desarrollen la disciplina necesaria para gestionarlos prosperarán. Estás en el camino adecuado para convertirte en una de esas personas.

En la siguiente página, encontrarás un resumen de las principales funciones, principios, sentimientos y comportamientos que están relacionados con la mejoría de la dopamina.

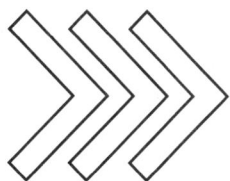

Resumen de la dopamina

Funciones   ⟶

- Motivación
- Concentración

Principios   ⟶

- Hace que el esfuerzo siente bien
- Controla el equilibrio entre el placer y el dolor

Sensaciones de la dopamina baja   ⟶

- Desmotivación
- Distracción
- Depresión

Causas de la dopamina baja   ⟶

- Comidas azucaradas
- Alcohol y drogas
- Pornografía
- Juegos de apuestas
- Comprar por internet
- Redes sociales

Sensaciones de la dopamina alta   ⟶

- Motivación
- Determinación
- Entusiasmo

Estimuladores de la dopamina   ⟶

- Estado de flujo
- Disciplina
- Ayuno telefónico
- Agua fría
- Mi propósito

1

Desarrolla tu capacidad de concentración

DOPAMINA
ESTADO DE FLUJO
DOPAMINA
ESTADO DE FLUJO
DOPAMINA
ESTADO DE FLUJO
DOPAMINA
ESTADO DE FLUJO
DOPAMINA
ESTADO DE FLUJO

En primer lugar, midamos tu capacidad de concentración.

En una escala del 1 al 10, puntúate a ti mismo según lo bien que se te dé concentrarte. Sé sincero contigo mismo.

1 → 10

1 = fatal

10 = genial

Qué es
el estado de flujo

Guau, ¿verdad que concentrarse hoy en día resulta muy complicado? Ya sea mientras estás en una conversación con alguien, trabajando con el ordenador o incluso viendo la televisión, para nuestro cerebro se ha convertido en todo un reto concentrarnos durante largos periodos de tiempo en hacer una única actividad.

Esto no resulta sorprendente, ya que siempre hay una oportunidad para distraerte en cualquier momento. En la actualidad, nuestra sociedad está empezando a aceptar esta situación y ya hemos tirado la toalla. Escucharás a gente decir: «Es que ya no puedo concentrarme en nada; me es imposible». Sin embargo, esto no tiene por qué ser así: tu capacidad para concentrarte es algo para lo que puedes entrenar a tu cerebro, igual que cualquier otra habilidad. Para tu futuro es primordial que volvamos a desarrollar tu capacidad de alcanzar estados de concentración profundos.

Hay un motivo muy concreto por el que tu primera Acción DOSE ha de ser **el estado de flujo**. Resulta que la actividad diaria de leer este libro es un método con el que te entrenaremos para que alcances dicho estado. Cuando estaba en el máster, empecé a investigar y escribir en profundidad sobre el concepto del estado de flujo y me enamoré de él. Se trata de un concepto desarrollado y popularizado por el psicólogo húngaroamericano Mihály Csíkszentmihályi.[23] Hace referencia al estado de concentración profunda que tiene lugar cuando te sumerges por completo en una actividad. Durante el estado de flujo, perdemos la noción del tiempo, desconectamos de las distracciones y alcanzamos nuevos umbrales de rendimiento y productividad.[24] Si volvemos a fijarnos en nuestros antepasados, los niveles de estado de flujo, o de concentración profunda, que debieron de alcanzar al cazar, buscar alimento, construir o luchar, debieron de ser impresionantes. El estado de flujo es algo que experimentábamos con mucha más frecuencia hace tan solo unas décadas, antes de tener tantas distracciones tecnológicas como las que experimentamos hoy en día. En la actualidad, cada vez que intentamos centrarnos de verdad mientras trabajamos o incluso cuando vemos un programa de televisión en casa, nos distraemos mucho antes de que ese estado de concentración profunda pueda siquiera empezar.

El estado de flujo está increíblemente conectado con nuestro sistema dopaminérgico.[25] Cuando nos adentramos en este estado de concentración profunda, nuestro cerebro se compromete a llevar a cabo un gran esfuerzo. Como resultado de ello, los niveles de dopamina aumentan de forma significativa.[26] Por ejemplo, analicemos cómo te sientes ahora mismo mientras lees este libro. Tu cerebro está esforzándose por asimilar este texto. Es un esfuerzo mucho mayor que el de escrolear en redes sociales. Habrás notado que, cuanto más te sumerges en la lectura de este libro, menos tiempo y menos esfuerzo necesitas para seguir concentrado. Esto se debe a que tu cerebro está comenzando a entrar en el estado de flujo, un estado en el que te vas alejando progresivamente de las distracciones que hay a tu alrededor y de los pensamientos intrusivos de tu mente, y comienzas a centrarte cada vez más y más en lo que se dice en esta página. Lo interesante de centrarse en una tarea, ya sea leer este libro o un proyecto en el que estés trabajando, es que, cuando dejas atrás el deseo inicial de distraerte y sigues concentrado, empezarás a «ganar velocidad». Eso significa que tu cerebro se pone en marcha y procesa la información cada vez más rápido.[27] Tal vez ya hayas experimentado este estado en tu vida, sobre todo, cuando hayas tenido que terminar un proyecto que tenía una fecha de entrega y llegaste a un punto en el cual debías terminarlo sí o sí. Te deshiciste de las distracciones, te centraste y alcanzaste un nivel de productividad alto. Cuando trabajes de esta forma, o leas de esta forma, al terminar, tu cerebro experimentará una sensación mucho más gratificante y satisfactoria. Esto se debe a que has empezado a adentrarte en el estado de flujo y en tu cerebro los niveles de dopamina han ido aumentando poco a poco.[28]

A continuación, quiero que te pares un momento a pensar en cuándo experimentas el estado de flujo en tu vida. Es un estado en el que tal vez entres al trabajar con el ordenador, pero también se puede alcanzar al hacer otro tipo de actividades.

El estado de flujo es una experiencia que la mente humana ansía y adora profundamente. Es importantísimo que te esfuerces por detectar cuándo sucede y cómo puedes dejar más espacios de tiempo para experimentarlo. De esta manera, ello te ayudará a mejorar tus niveles de dopamina y a construir de forma progresiva un nivel de motivación en tu vida que siempre vaya a más. El aspecto bonito adicional del estado de flujo es el alivio que nos proporciona al alejarnos de nuestros pensamientos más ansiosos y de las preocupaciones. Como descubriremos en el capítulo 14, «Subpensar», sobrepensar es un problema al que muchos de nosotros nos enfrentamos. Las actividades que generan un estado de flujo sumergen de tal forma nuestra mente en el presente, en la tarea que tenemos delante de nosotros, que dejamos de sobrepensar y de preocuparnos por el pasado o por el futuro y, en su lugar, surge una productividad que nos proporciona paz.

Podrías alcanzar un estado de flujo cuando:

1. **CORRES O VAS AL GIMNASIO**
2. **TOCAS UN INSTRUMENTO MUSICAL**
3. **PINTAS O DIBUJAS**
4. **ESCRIBES O LLEVAS UN DIARIO**
5. **DETECTAS UN PROBLEMA O LO SOLUCIONAS**
6. **HACES JARDINERÍA**
7. **LIMPIAS**
8. **LEES**

Estrategia

A pesar de lo bien que suena todo esto, quizá estés pensando: «T. J., no puedo centrarme; en serio, no puedo dejar de mirar el móvil. Mi cerebro se aburre tanto que busca distracciones». Por favor, ten en cuenta que te entiendo perfectamente. Durante los últimos tres años, he tenido que seguir todas las técnicas que comparto con el lector en este libro para desarrollar mi capacidad de concentración. Para empezar, hace tan solo unos años no habría podido concentrarme lo suficiente para escribir este libro. No es que el estado de flujo sea una capacidad con la que yo haya sido bendecido al nacer, sino que es algo que necesito para trabajar, y sé que mi cerebro y mi salud mental se benefician mucho de ello. He investigado muchísimo sobre la neurociencia que hay detrás de la concentración. Además, para aumentar mi capacidad de concentración he probado varias estrategias, muchas de las cuales estoy usando en este preciso instante mientras escribo este libro...

Pese al impulso de consultar el móvil y entrar en mis redes sociales, recorreré contigo una guía de cuatro pasos muy sencillos para que entrenes tu concentración y puedas adentrarte en el estado de flujo. En concreto, ahora nos centraremos en tu vida laboral, ya que es ahí donde el estado de flujo puede proporcionarte beneficios notables. No obstante, ya que hemos hablado de una amplia gama de actividades en las que puede surgir el estado de flujo, te guiaré para que tengas en cuenta las partes de esta estrategia en cualquier aspecto de tu vida.

PASO 1:
ESCOGE LA TAREA

En primer lugar, debes escoger detenidamente la tarea concreta que quieres hacer y asegurarte de que es realista terminarla en el periodo de tiempo del que dispones. Saber que dicha actividad te supone un reto, pero es realista, te dará la sensación, a lo largo de la sesión de concentración, de que te estás acercando al objetivo deseado. Esta impresión de que estás a punto de alcanzar un objetivo irá aumentando tus niveles de dopamina para que sigas motivado. Ahondaremos en la importancia de esta sensación en el capítulo 5, «Mi propósito». Para alcanzar un estado de flujo, debemos tener en mente un objetivo muy concreto que queramos alcanzar. Recuerda que la dopamina surge a través del esfuerzo.[29] Cuanto más difícil sea la tarea, más habrá que esforzarse y, por lo tanto, más dopamina se creará. Si por la mañana intentas abordar una tarea que sea un reto, tus niveles de dopamina aumentarán significativamente a lo largo del día.

Uno de los retos que tenemos muchos de nosotros es una lista enorme de cosas por hacer. Estas listas interminables pueden sobrepasarnos y ello puede llevarnos a posponerlo todo y dedicarnos a escrolear, un estado en el que ignoramos todos los quehaceres y nos quedamos sentados mirando el móvil. Tenemos que aprender a evitar eso. A lo mejor cuando estás trabajando haces lo contrario a seleccionar una tarea; quizá intentes trabajar poco a poco para avanzar en todas las tareas a la vez, y por eso te distraes en cualquier momento si la actividad que estás haciendo es aburrida o complicada. Se ha demostrado que alternar ocupaciones de esta forma reduce los niveles de productividad general en un 40 por ciento.[30] Dicho de otro modo, así haces que para cada tarea necesites el doble de tiempo del necesario. Cuando selecciones una tarea, ve al paso 2.

PASO 2:
CUÉNTASELO A ALGUIEN

Responsabilizarse es una manera eficaz de comprometerse a cumplir tus objetivos. A medida que avances en este libro, te guiaré para que compartas con personas cercanas a ti los desafíos DOSE que vas a llevar a cabo, y así aumentarás la probabilidad de alcanzar tus objetivos. Por lo tanto, cuando hayas elegido la tarea que quieres completar, tienes que contárselo a alguien. Por ejemplo, puedes enviarle un mensaje a un compañero de trabajo o a un amigo y decirle: «Ahora voy a centrarme en terminar esa presentación de diapositivas». Así te comprometerás con la tarea y te asegurarás de ponerte manos a la obra al instante. Cuando le hayas contado a alguien cuál es la tarea que has elegido, continúa con el paso 3.

PASO 3:
ELIMINA LAS DISTRACCIONES

Una de las mayores dificultades de la concentración es aburrirse o percibir que una actividad es demasiado difícil. Es en esos momentos cuando nos distraemos, por ejemplo, haciendo clic en alguna cosa de nuestro ordenador, como el correo electrónico, aplicaciones de mensajería de la empresa, redes sociales y ese tipo de cosas. Cuando hayas escogido una tarea y le hayas dicho a un compañero o amigo que te vas a poner manos a la obra, debes cerrar TODAS las aplicaciones del ordenador que te distraen y no volver a abrirlas hasta que hayas terminado la tarea escogida. Cuando hayas eliminado todas las distracciones, continúa con el paso 4.

PASO 4:
EL RETO DEL TEMPORIZADOR

Ahora viene la última parte, que es la más importante. Necesitamos entrenar a tu cerebro para que se concentre durante periodos de tiempo más largos. De esta manera, podrás adentrarte en el estado de flujo y ser productivo de verdad. Es muy importante que entiendas que empezar una tarea es lo más difícil, con diferencia. Como hemos explicado antes, una vez que estás profundamente concentrado, el cerebro coge impulso. Para conseguir este impulso, debemos asegurarnos de superar los quince minutos de concentración. Estos quince minutos iniciales son los más difíciles, ya que es cuando los niveles de dopamina son bajos y empiezan a subir poco a poco. Es cuando es más probable que te distraigas. Superar esta dificultad inicial es la clave para transformar tu concentración y tu productividad.

Para seguir con la actividad, cuando empieces la tarea elegida, desbloquea el móvil y haz clic en la aplicación del reloj y, a continuación, en el cronómetro. Un consejo importante: asegúrate de que el modo avión está activado para evitar que te lleguen notificaciones. Cuando ya hayas empezado con la tarea, haz clic en «iniciar» en el cronómetro, deja el teléfono en otra habitación, bocarriba, y empezará a contar 00:00, 00:01, 00:02, 00:03.

Vuelve a tu espacio de trabajo y concéntrate. No tardarás en descubrir que estás buscando formas de distraerte. Si vas a por el móvil y ves que pone 01:07, pensarás: «Guau, solo puedo concentrarme durante un minuto y siete segundos». Te dirás a ti mismo que deberías poder alargar ese periodo. Vuelves a la tarea y te esfuerzas por avanzar. Luego, unos instantes más tarde, quizá vuelvas a consultar el móvil y verás que pone 08:37. Vale, estupendo, ahora llevas más de ocho minutos concentrado. Ahora puedes empezar a ludificar este proceso contigo mismo e ir viendo que cada día que pasa puedes ir aumentando esa cifra y entrenando tu capacidad de concentración. Primero, tu objetivo serán quince minutos, después deberías aumentarlo hasta la media hora, después, cuarenta y cinco minutos. Lo sorprendente es que cuando llegues a los cincuenta minutos descubrirás que estás empezando a adentrarte en el estado de flujo, y evitar las distracciones te será más fácil porque pensarás: «Me he esforzado muchísimo en aumentar la dopamina: ¡ahora no voy a meter la pata!».

Resumen del estado de flujo

PASO 1 Escoge la tarea

PASO 2 Cuéntaselo a alguien

PASO 3 Elimina las distracciones

PASO 4 El reto del temporizador

Las actividades relacionadas con el estado de flujo sumergen profundamente nuestra mente en el presente, en la tarea que tenemos delante.

La dopamina y el TDAH

Al reflexionar sobre nuestra capacidad para entrar en estos estados profundos de concentración, es importante que tengamos en cuenta también el reto, cada vez más presente en el mundo actual, del trastorno por déficit de atención con hiperactividad (TDAH). Hoy en día, el diagnóstico de TDAH no deja de aumentar. Obviamente, uno de los motivos de ello es nuestra creciente capacidad para diagnosticarlo. Sin embargo, también debemos explorar cómo la dopamina rápida influye en la incidencia del TDAH y de las dificultades que conlleva.[31]

Una persona que tenga TDAH experimentará dos cosas: una es la falta de atención, la capacidad reducida de centrarse en una tarea, y la otra es la impulsividad, el deseo constante de buscar estimulación y placer.[32] Las personas con TDAH tienen un nivel basal de dopamina bajo.[33] Si volvemos a pensar en los gráficos sobre la dopamina de las páginas 29 y 30, los niveles basales de estas personas se parecerían más a lo que puedes ver a continuación.

LA DOPAMINA Y EL TDAH

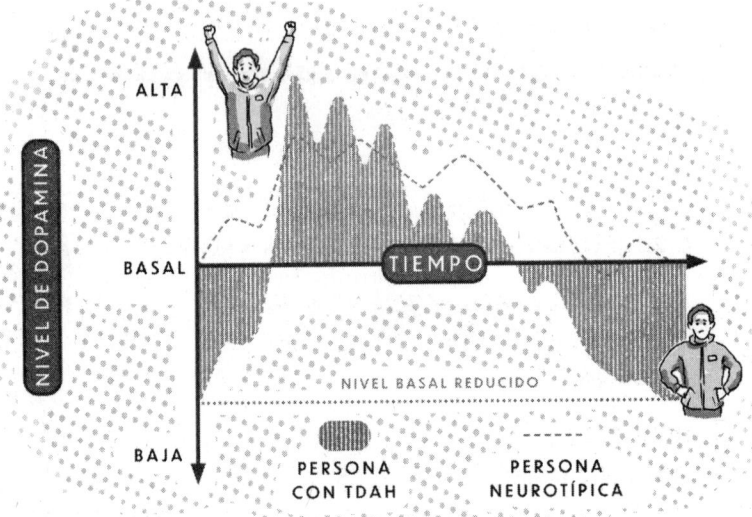

Esto significa que pueden optar con más frecuencia por comportamientos que deriven en «subidones» de dopamina rápida, lo cual los hace más atractivos. También significa que son más propensos a experimentar niveles bajos de dopamina y a tener problemas de procrastinación y falta de concentración.[34] Durante décadas, hemos sabido que el TDAH está estrechamente relacionado con la dopamina, y por eso los medicamentos actuales para tratar el TDAH son fármacos como Adderall o Ritalin, diseñados para ayudar a elevar los niveles basales de dopamina.[35]

Durante muchos años ha existido, por supuesto, un poderoso componente genético en el TDAH, por el cual hay personas que están predispuestas a tener niveles basales de dopamina más bajos. Sin embargo, dado que hoy en día es más fácil acceder a la dopamina rápida, ahora tenemos la capacidad de crear estas subidas y bajadas constantes de dopamina. Esto hace que muchas personas experimentemos bajos niveles de dopamina y, por lo tanto, presentemos algunos de los síntomas del TDAH, especialmente falta de concentración e impulsividad.

Lo importante en estos casos, si eres una persona que padece TDAH o presentas algunos de los síntomas, es que entiendas que es crucial que empieces a gestionar mejor tu dopamina. Ello implica que has de incorporar de forma intencionada a tu rutina diaria más actividades que te ayuden a aumentar tus niveles basales de dopamina.

Actividades importantes si tienes TDAH:

1 TENER UNA RUTINA DE MAÑANA ESTRUCTURADA QUE INCLUYA HACERTE LA CAMA Y EXPONERTE A LA LUZ NATURAL EN EXTERIORES.

2 EJERCITAR TU CUERPO CON TANTA FRECUENCIA COMO PUEDAS, SOBRE TODO, ANTES DE INTENTAR CONCENTRARTE EN UNA TAREA IMPORTANTE.

3 REDUCIR EL CONSUMO DE ALIMENTOS AZUCARADOS QUE GENERAN DOPAMINA RÁPIDA, SOBRE TODO, POR LA MAÑANA.

4 REDUCIR EL TIEMPO QUE PASAS ESCROLEANDO VÍDEOS CORTOS EN REDES SOCIALES.

ENCUENTRA ALGO QUE TE GUSTE MUCHO

Lo fascinante de las personas que padecen TDAH es que, cuando encuentran una actividad que les encanta, tienen la capacidad no solo de hacerla bien, sino incluso de destacar en ella. Un motivo importante para ello es que su nivel basal de dopamina es más bajo, por lo que experimentarán un mayor aumento de dopamina al hacer dicha actividad. De este modo, la actividad les resultará mucho más gratificante y placentera, y por esta razón las personas con TDAH pueden experimentar de vez en cuando hiperfocalización en las actividades que les gustan mucho.

Teniendo esto en cuenta, es importantísimo probar diferentes actividades e identificar una que te encante. Como de pequeño yo tenía muchos síntomas de TDAH, durante años tuve que luchar contra mi preferencia por todos los comportamientos adictivos actuales. Cuando se me ocurrió el concepto DOSE y empecé a hablar en público, escribir y hacer vídeos, ello le proporcionó a mi mente cosas en las que concentrarme de verdad para aumentar mi dopamina y, por lo tanto, acceder al estado de flujo. Dedica un momento a pensar cuál es la actividad que más te gusta, la que te proporciona la mayor sensación de recompensa. La actividad que elijas es esencial para avanzar si tienes TDAH. En la siguiente tabla encontrarás algunas ideas de posibles actividades.

ARTÍSTICAS	EDUCATIVAS	DEPORTIVAS
Dibujar	Estudiar	Fútbol
Escribir	Resolver problemas	Natación
Pintar		Hacer deporte
Música	Hacer puzles	Bailar
Vídeos	Escuchar pódcast	Golf
Manualidades	Leer	Yoga
Collages	Aprender una nueva habilidad	Ciclismo

A lo largo de tu viaje por *El efecto DOSE*, irás percibiendo de forma más clara estos conocimientos. En poco tiempo, podrás disfrutar en tu vida de un cerebro más disciplinado, centrado y satisfecho.

Reto

A continuación, me gustaría que hicieras **el reto del estado de flujo**. Para llevar a cabo este reto hasta el final, deberás alcanzar un periodo de trabajo de concentración profunda todos los días por la mañana y otro por la tarde durante los próximos siete días. Para ello, puedes centrarte en un proyecto clave que sea importante para ti, trabajar en una solución creativa a un problema laboral, avanzar en un proyecto artístico en el que estés trabajando, vaciar el garaje o, simplemente, centrarte en leer con atención *El efecto DOSE* todos los días.

Si ya has escogido la actividad para el reto del estado de flujo, asegúrate de contarle a alguien cercano lo que vas a hacer. Puede ser un amigo, tu pareja o un familiar. De esta forma aumentará tu responsabilidad para lograrlo y te dará la oportunidad de hablar con esa persona sobre este tema.

CONSEJO CLAVE:

Piensa en la ciencia de la fuerza de voluntad de la que hablamos en la introducción a la dopamina cuando te propongas entrar en el estado de flujo. Cada vez que consigues evitar distraerte y sigues concentrado, tu aMCC se activa y tu capacidad para entrar en el estado de flujo aumenta.

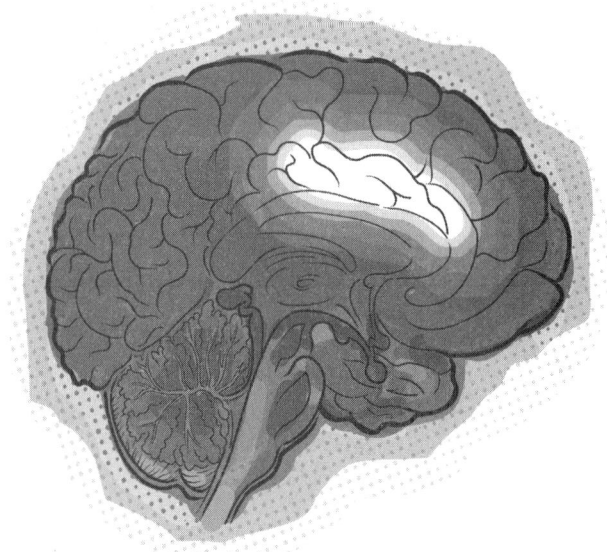

2

Tener disciplina en casa

DOPAMINA
DISCIPLINA
DOPAMINA
DISCIPLINA
DOPAMINA
DISCIPLINA
DOPAMINA
DISCIPLINA
DOPAMINA
DISCIPLINA

En primer lugar, midamos tu propia disciplina.

En este caso, nos referimos en concreto a tu disciplina en el entorno de casa. En una escala del 1 al 10, puntúate a ti mismo según lo bien que se te dé tener el dormitorio ordenado. Sé sincero contigo mismo.

1 = fatal

10 = de maravilla

Qué es la disciplina

Nuestro entorno externo refleja nuestro entorno interno.
Crea un espacio ordenado para poder tener una mente ordenada.

Nuestra siguiente Acción DOSE es una de las más fáciles e importantes. Para mejorar tu química cerebral, debes desarrollar la disciplina. Ser disciplinado es una característica fundamental de una persona feliz y que avanza de forma óptima en el mundo actual. No obstante, en un mundo que lucha constantemente por arrastrarte hacia el placer a corto plazo y alejarte de tus objetivos, ser disciplinado es todo un desafío. Durante esta fase de lectura, desarrollarás tu autocontrol. Al desarrollar el autocontrol, aumentarás tus niveles de dopamina,[36] además de mejorar tu capacidad para comprometerte a llevar a cabo todas las acciones que encontrarás a lo largo de este viaje DOSE.

A la hora de desarrollar la disciplina, algunos grupos de personas interesantes que tener en cuenta son los miembros de las fuerzas armadas, los deportistas profesionales y los monjes y monjas. Todos ellos son increíblemente disciplinados. Al evaluar cómo se desarrolla la disciplina en estos distintos ámbitos de excelencia humana, lo primero en lo que hay que fijarse es en cómo se relacionan las personas de estos colectivos con los entornos en los que viven.

En esta parte, nuestro objetivo no se limita a reforzar tu disciplina, sino que también será ayudarte a desarrollar un gran nivel de amor y cuidado por el entorno en el que vives al cuidar de tu casa, tu dormitorio, tu salón y tu zona de trabajo. Es importante convertir estas estancias en entornos tranquilos y cálidos en los que descansar, trabajar y socializar. De niño, mi madre hizo una cosa muy inteligente que me ayudó a desarrollar esta capacidad para cuidar de mi entorno doméstico. Cuando era pequeño (tendría unos cinco años), mi madre me decía: «Me encanta que te guste tener la habitación tan ordenada». Léelo otra vez. «Me encanta que te guste». Desde muy niño, mi mente empezó a sentir y a creer sin lugar a duda que me encantaba tener la habitación ordenada. A medida que fui creciendo, esta preferencia se fue afianzando. Tanto si tengo el ánimo por los suelos y necesito un impulso de productividad para motivarme como si estoy más ansioso y preocupado y necesito crear más calma a mi alrededor, hoy en día me encanta organizar mi entorno para que ello me ayude a conseguir el estado de ánimo que necesito.

DÍA 1:
TAREA

¿Alguna vez te has dado cuenta de que cuando organizas y limpias tu casa, a pesar de ser esta una tarea que puede resultar molesta, al terminar, experimentas una sensación de realización y satisfacción? En eso consiste la dopamina: en realizar actividades que suponen un esfuerzo y mejoran nuestra vida.[37]

El objetivo de hoy es sencillo: limpiar una habitación de la casa. Te aconsejo que elijas tu habitación. Tu habitación es una manifestación externa de tu mente. Límpiala y observa lo que sucede. La intención y el esfuerzo de limpiar aumentarán tus niveles de dopamina y te despejarán.[38] Para conseguir el máximo aumento de dopamina, necesito que la limpies a fondo. Eso podría significar abrir el armario o los cajones, arrojar el contenido encima de la cama y reorganizarlo todo. Podría significar quitar toda la ropa de cama y cambiar las sábanas o pasar la aspiradora por todas partes. Recuerda ir paso a paso. Por ejemplo, empieza por hacer la cama. Luego recoge la ropa. Después, organiza las cosas que tienes en la mesilla de noche. Ir paso a paso reduce la sensación de agobio si la tarea no te motiva. Te recomiendo que pongas tu música favorita (en la parte 4, «Las endorfinas», encontrarás más información sobre la música) y empieces a limpiar tu habitación. Intenta crear un ambiente en ese espacio que te haga estar tranquilo.

DÍA 2:
TAREA

Cuando hayas terminado con la habitación, pasaremos a tu espacio de trabajo. Este puede que esté en una zona de tu habitación o en otra parte de la casa. Dondequiera que esté, es muy importante para tu productividad que esta zona acabe quedando limpia y organizada y que siga así. Tómate tu tiempo para reorganizar este espacio. Ello contribuirá aún más a nuestra misión de ayudarte a alcanzar el estado de flujo cuando estés trabajando. Nota: Si trabajas en una profesión que no implica tener un entorno de trabajo en casa, ahora puedes céntrate en ordenar la cocina.

Observa que, conforme avanzas en esta tarea, surgirá la sensación de logro y satisfacción. A lo largo de los siguientes días, quiero que te centres en esta tarea para ir organizando de manera progresiva toda tu casa, una habitación tras otra. Soy consciente de que se trata de una gran tarea. Ve a tu propio ritmo. Si vives en una casa con más gente, ya sea tu pareja, amigos, padres o hijos, sería de un valor incalculable que pudieras implicarlos en todo esto de alguna forma. Simplemente, diles que estás leyendo *El efecto DOSE* y que también les vendrá bien para su dopamina. ¡Estoy seguro de que ellos también podrán aumentar sus niveles de dopamina!

Contribuir colectivamente a que el entorno doméstico esté organizado es un acto simple de generosidad y amabilidad hacia los demás.

La generosidad es algo que exploraremos en profundidad durante la parte 2, «La oxitocina». Ahora que tu casa ya está más organizada, nuestro objetivo es que siga estándolo. Todo comienza con la forma en la que empiezas el día.

Lo primero que quiero que hagas todos los días es que, justo después de levantarte, hagas la cama.

Quiero que hagas esto antes de mirar el móvil, antes de hacer cualquier otra cosa. Este acto tan sencillo de disciplina y realización sentará las bases para el día que tienes por delante. En el siguiente capítulo, «Ayuno telefónico», cambiaremos en gran medida cómo te relacionas con el móvil a diario y, más adelante, construiremos cuidadosamente la rutina matutina perfecta para ti.

Cuando ya te hayas hecho la cama, quiero que empieces a mirar las tareas domésticas de otra forma, una forma en la que entiendas la importancia de terminar esa tarea y la repercusión que esta tendrá en tus niveles de motivación. Si, por ejemplo, tienes un estado de dopamina bajo, puede que experimentes una sensación de pereza y letargo en la que la idea de realizar una tarea te resulte desafiante. En momentos como ese, la organización de tu entorno es una forma perfecta de comenzar a aumentar tus niveles de dopamina para prepararte para una tarea que requiera un esfuerzo importante, como, por ejemplo, antes de iniciar una actividad que derive en un estado de flujo. Cada vez que tengas que vaciar el lavavajillas, fregar los platos o sacar los cubos de basura, considera estas tareas como valiosas para tu salud mental. Sé que esto puede parecer raro, pero, si pasas una semana implementando la disciplina en este aspecto de tu vida, empezarás a ver cómo se va extendiendo a otras áreas.

Presta atención a si experimentas el estado de flujo cuando limpias. Al principio, te resultará molesto y tendrás que esforzarte mucho. Poco a poco empiezas a coger impulso. Así comienza el estado de flujo. La dopamina va aumentando en el cerebro, y eso hace que la tarea te resulte más fácil y satisfactoria.

Estrategia

**Las CUATRO ÁREAS CLAVE
en las que has de centrarte para mantener
la disciplina son:**

1 HACERTE LA CAMA TODAS LAS MAÑANAS

2 TENER LA HABITACIÓN ORDENADA

3 MANTENER EL ORDEN EN EL ESPACIO DE TRABAJO

4 LAVAR LOS PLATOS CON FRECUENCIA

Reto

A continuación, me gustaría que llevaras a cabo el reto de la
disciplina. Para hacer este reto, durante los próximos tres días
tienes que limpiar a fondo tu habitación, tu espacio de trabajo
y la cocina.

Mientras realizas este reto, cuéntale a una persona de tu círculo
cercano lo que vas a hacer. Puede ser un amigo, tu pareja o
un miembro de tu familia. De esta manera, aumentarás la
responsabilidad para llevarlo a cabo, además de crear
la oportunidad de hablar con ellos sobre el valor de
comprometerse a hacer esta actividad de forma
más frecuente.

3

Acaba con tu adicción al móvil

DOPAMINA
AYUNO TELEFÓNICO
DOPAMINA
AYUNO TELEFÓNICO
DOPAMINA
AYUNO TELEFÓNICO
DOPAMINA
AYUNO TELEFÓNICO
DOPAMINA
AYUNO TELEFÓNICO

En primer lugar, puntúa lo sana que es tu relación con el móvil.

En este caso, nos referimos en concreto a cuánto tiempo pasas a diario con el móvil. En una escala del 1 al 10, puntúate a ti mismo según la adicción que tengas al móvil. Sé sincero contigo mismo.

1 → 10

1 = fatal, siempre tengo el móvil en la mano

10 = increíble, miro el móvil de vez en cuando

Qué es el ayuno telefónico

Enhorabuena por llegar a la Acción 3 del efecto DOSE. No subestimes el poder de lo que ya estás consiguiendo en este camino. ¡Ya has emprendido el viaje necesario para mejorar tu química cerebral! Ha llegado el momento de hablar sobre tu relación con el móvil.

En esta sección vamos a centrarnos concretamente en el móvil, ya que es el método más accesible para conectarse a internet. No obstante, si la *tablet* es el dispositivo principal con el que accedes a contenidos digitales, esta guía también te servirá.

Este capítulo será uno de los aspectos más determinantes de DOSE, uno de los que tendrán gran influencia en cómo te sientes. En primer lugar, debemos reconocer que tu adicción al móvil es muy común; no es raro que te encante usarlo a todas horas, ni que te encante escrolear, ni que te sientas atraído por las redes sociales con tanta frecuencia. Con lo que ya hemos aprendido sobre la dopamina al leer este libro, ahora sabemos que el móvil y, sobre todo, las redes sociales nos proporcionan chutes de dopamina rapidísimos.[39] Ansiamos estos chutes de dopamina y ahora se ha inventado una forma de satisfacer con rapidez el profundo impulso dopaminérgico que llevamos dentro: basta con desbloquear el móvil y acceder a las redes sociales. Sin embargo, también sabemos que estos estímulos dopaminérgicos rápidos, obtenidos sin esfuerzo, dispararán y colapsarán nuestro sistema dopaminérgico, lo cual hará que estemos desmotivados, apáticos y deprimidos.[40]

He dedicado muchos años a investigar cómo podemos desarrollar una relación más sana con el móvil. Al igual que todas las recomendaciones que incluyo en *El efecto DOSE*, esto es algo con lo que me identifico muchísimo. El móvil me parece increíblemente adictivo. Adoro mi móvil y desde que era muy joven me ha encantado la tecnología. Siempre me han encantado los videojuegos, los iPads, los ordenadores y todos los objetos tecnológicos que he utilizado. Recuerdo que tuve mi primer iPhone cuando tenía doce años, el iPhone 3GS. Fue increíble. Cuando lo tuve, abrí mis primeras cuentas en redes sociales y descubrí el disfrute que estas me proporcionaban al permitirme conectar con personas para compartir mi vida. Poco a poco, mi adicción a estas plataformas fue aumentando. El nivel de adicción era gestionable hasta que inventaron TikTok y se hizo tan famoso durante la pandemia de la COVID. Esta red social popularizó el concepto de los vídeos cortos que se pueden ver en poco tiempo y pasar al siguiente. Si te paras a pensar durante un minuto cómo te relacionas con el móvil, quizá te des cuenta de que durante los últimos tres o cuatro años el tiempo que has pasado utilizándolo ha aumentado de forma notable. Hoy en día, todas las redes sociales han copiado el modelo de los vídeos cortos de TikTok con funciones como los *reels* de Instagram y los *shorts* de YouTube. Estas plataformas de vídeos muy cortos aumentan enormemente la estimulación dopaminérgica,[41] mucho más que el texto y las fotos antes de que se inventara esta opción. Debido a este enorme y rápido aumento de dopamina, este es el aspecto del móvil que puede provocar un estado de baja dopamina. Tal vez hayas notado, y seguro que lo notarás a partir de ahora, que, cuando escroleas estos vídeos durante un rato, todo es maravilloso, pero, cuando al final dejas el móvil, estás desanimado y apático. Esto es porque tu cerebro se está quedando sin dopamina, un recurso vital.

Además de los vídeos cortos, cosas como las notificaciones constantes, el correo electrónico, los mensajes, no dejar de ver historias de Instagram y las alertas de noticias negativas proporcionan chutes rápidos de dopamina al cerebro.[42] Para mejorar tu relación con el móvil, vamos a centrarnos en dos aspectos clave. Incorporarlos a tu vida te ayudará a sentirte más motivado cada día.

Estrategia

En primer lugar, el ayuno telefónico o dejar el móvil un poco de lado. Seguramente ya conozcas el ayuno como una práctica religiosa en la que las personas pasan un periodo de tiempo largo sin comer. Esto es algo que los seres humanos hemos venido haciendo de forma instintiva como práctica espiritual durante miles de años. Curiosamente, hoy en día la ciencia moderna está demostrando los beneficios que esta práctica podría aportar a nuestra salud fisiológica y psicológica (ahondaremos en este aspecto en el capítulo 13, «Salud intestinal»). Al igual que intentamos no comer de más, hemos de ser conscientes de no utilizar el móvil más de lo necesario. El ayuno telefónico lleva este concepto a tu relación con el móvil. En nuestra sociedad, hemos llegado a un punto en el que necesitamos desarrollar una práctica diaria clara en la que «ayunemos» de nuestros móviles. De esta manera, permitirás que tu dopamina se reponga y te darás la oportunidad de volver a conectar en mayor medida con tu vida.

En segundo lugar, cómo programas el móvil. Aprovechemos las diferentes funciones que hay en el móvil, ya que estas te permitirán hacer un seguimiento del tiempo de uso, además de desconectar del mismo con más frecuencia.

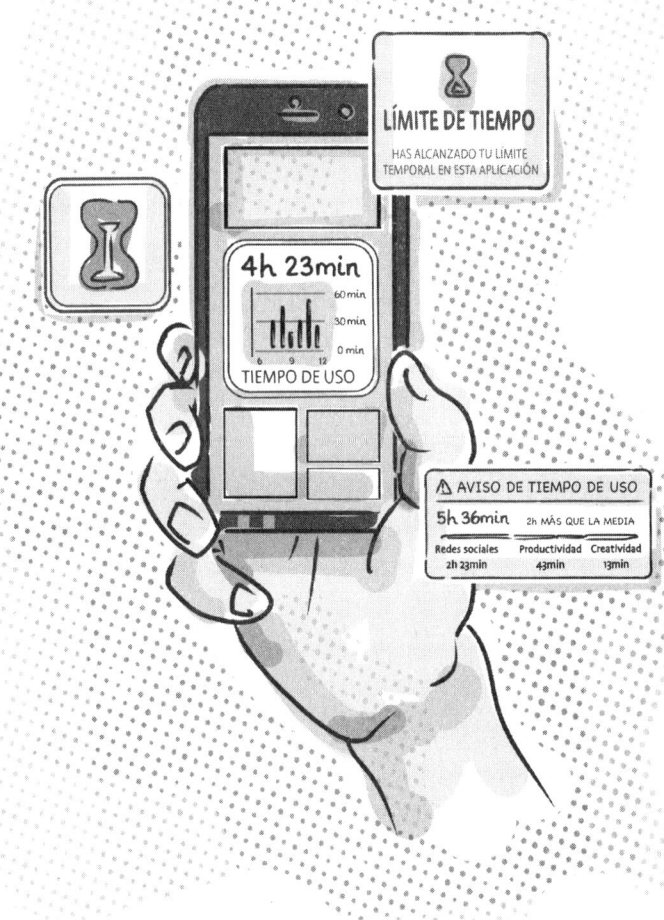

PASO 1:
AYUNO TELEFÓNICO

El ayuno telefónico es un concepto simple que realmente cambia las cosas y que desarrollé para mí mismo cuando trataba de gestionar la adicción que tenía al móvil. Hay un motivo muy concreto por el que he escogido esta rutina para cambiar tu forma de relacionarte con el móvil. Tal vez te hayas dado cuenta de que, si tienes el móvil cerca, da igual cuánto te esfuerces: no puedes evitar utilizarlo. Por ejemplo, digamos que estás intentando ver un programa de televisión, y el móvil está en el sofá, a tu lado. Da igual cuánto te resistas; si sientes el mínimo atisbo de aburrimiento, te darás cuenta de que, de repente, tienes el móvil en la mano. Para reducir de forma considerable el uso del móvil, debe haber lapsos de tiempo en tu día a día en los que no tengas el móvil cerca.

El primer paso del ayuno telefónico implica el poderoso reto de no usar el móvil nada más despertarnos. Ahora me doy cuenta de lo difícil que es. Sin embargo, después de enseñar personalmente a más de 50 000 personas cómo mejorar su salud mental, este es sin duda uno de los cambios más significativos e impactantes que he visto hacer a la gente.

Por la noche, como parte del proceso reparador del sueño, tu cerebro está regenerando la dopamina. Tiene sentido, ya que quieres que tu cerebro se despierte rebosando dopamina para que estés motivado al empezar el día[43] (ahondaremos en la cuestión de cómo mejorar tu sueño profundo en la parte 3, «La serotonina», que es la principal sustancia química implicada en la regulación de tus patrones de sueño). Al despertarnos, cuando en el cerebro rebosa la dopamina, pueden ocurrir dos cosas. Una, que lleves a cabo una actividad que exija algún tipo de esfuerzo cognitivo o físico y tus niveles de dopamina empiecen a aumentar. Dos, que te adentres en el móvil, en el mundo de las notificaciones, las redes sociales y las noticias, e inmediatamente tu sistema de dopamina alcance un pico y se colapse. Si tenemos en cuenta que la dopamina es la responsable de todo el impulso y la concentración del día que tenemos por delante, es vital que encaucemos correctamente nuestro sistema dopaminérgico.

Tu rutina matutina

Teniendo en cuenta lo que hemos aprendido en el capítulo 2 sobre la disciplina, empezar el día haciendo la cama es una forma estupenda de comenzar a generar dopamina de inmediato. Después, ve inmediatamente a lavarte los dientes y échate agua fría en la cara. Si sueles ir al baño a primera hora de la mañana, este es el momento en el que suele darse la situación de escrolear. Este es un hábito que me costó muchísimo abandonar. Cuando me enteré de que el esfuerzo genera dopamina, opté por sustituir esos pocos minutos en el baño por la lectura, en lugar de navegar con el móvil. Como ya sabemos gracias a lo que hemos aprendido sobre el estado de flujo, leer es una actividad fantástica para tu cerebro. Si conviertes la lectura de unas cuantas páginas de *El efecto DOSE* en parte de tu rutina matutina, tu cerebro instintivamente escogerá aprender a lo largo del día. Esto ocurre porque, como demuestra la interesante neurociencia, según de dónde proceda nuestra primera dosis de dopamina, nuestro cerebro seguirá en esa dirección a lo largo del día.[44] Por lo tanto, es fundamental elegir uno de estos comportamientos dopaminérgicos saludables a primera hora del día.

EJEMPLOS CLAVE de comportamientos matutinos saludables:

1 HACERSE LA CAMA

2 SALIR A LA CALLE

3 DUCHARSE CON AGUA FRÍA

4 LAVARSE LA CARA

5 LEER

6 LAVARSE LOS DIENTES

Después de esto, hay dos rutinas posibles para la mañana. Una es prepararte inmediatamente para empezar el día, ducharte y vestirte. La otra es salir un momento para exponerte un poco a la luz del sol, a ser posible, en un entorno natural. El objetivo es sencillo: no mirar el móvil hasta que te hayas preparado para empezar el día o hayas salido y te hayas expuesto a la luz solar. Una frase muy simple que me digo a mí mismo todas las mañanas mentalmente es:

«Debo ver la luz del sol antes de ver las redes sociales».

Es un buen mantra por el que regirse.

Genial, ya hemos completado la primera fase del ayuno telefónico. Bien hecho. A lo largo de tu camino DOSE, iremos construyendo hábitos adicionales que mejorarán tu rutina matutina y regenerarán tu química cerebral.

Tu rutina de tarde

El segundo componente del ayuno telefónico tiene que ver con cómo te relacionas con el móvil por las tardes. Es facilísimo pasar casi toda la tarde yendo de una red social a otra sin darte cuenta mientras intentas trabajar. Sin ser consciente de ello, el tiempo vuela, y el verdadero propósito de tu tarde, ya sea conectar con otras personas, descansar o hacer deporte, se pierde en el mundo de los chutes de dopamina rápida que hay dentro del móvil. Teniendo esto en mente, ahora te comprometerás contigo mismo a pasar más tiempo alejado del móvil por las tardes. Nuestro objetivo es alcanzar un mínimo de sesenta minutos sin mirar el móvil para nada. Por las tardes, hay cuatro momentos diferentes en los que practicar el ayuno telefónico.

1. HACER EJERCICIO

Hacer ejercicio es la oportunidad perfecta para estar un tiempo alejado del móvil. Esto podría significar ir al gimnasio y dejarte el móvil en la taquilla, o bien salir a pasear por la tarde, correr, montar en bici o nadar, y poner el móvil en modo avión. Otra forma maravillosa de alejarte del móvil por las tardes es apuntarte a una actividad deportiva. Hace poco reviví mi amor por el tenis. El deporte es algo que me ha encantado desde que era pequeño, y retomarlo como adulto ha sido increíble. Hablaremos más de este tema en la parte 4, «Las endorfinas», en la cual reforzaremos tu relación con el deporte.
Sé que muchas personas se identificarán con esta frase: «Pero necesiiiito escuchar música cuando hago deporte». Te guiaré para que puedas hacer deporte sin usar el móvil para nada. No obstante, si esto no es una opción, asegúrate de tener el móvil en modo avión y de usarlo ÚNICAMENTE para escuchar música. No te distraigas con notificaciones ni escrolees.

2. CENAR

Cenar es una forma excelente de pasar tiempo desconectado del móvil. Mientras cocinas y comes, deja el móvil en otra habitación. Puedes escuchar música, un pódcast o un audiolibro si necesitas estímulos. En esta sección, nuestro objetivo es alejarnos de la dopamina rápida y las notificaciones constantes. Para aquellos que viváis con vuestra familia, hay una investigación muy muy interesante que demuestra el valor determinante que tiene para la salud mental de los niños y jóvenes incluir a tus hijos en el proceso de preparar la comida, sentarse a disfrutarla juntos en familia y compartir las tareas de limpieza.[45] Esto ayuda a que los jóvenes se alejen de la tecnología, conecten con sus familiares y aprendan la importancia de contribuir al grupo. Trabajar con los demás es un elemento vital para una mente saludable y algo en lo que ahondaremos en el capítulo 11.

3. SOCIALIZAR

Socializar es uno de los elementos fundamentales a la hora de tener una mente sana y feliz. Poco a poco, los móviles han empezado a minar la calidad de las relaciones sociales que podemos tener. Seguro que alguna vez has notado esa sensación frustrante al intentar mantener una conversación con alguien mientras esa persona no para de mirar el móvil. Tanto si vas a dar un paseo con alguien como si sales a tomar algo o te quedas en casa, aprovecha para pasar un mínimo de sesenta minutos lejos del móvil y conectar con tus seres queridos.

4. VER LA TELEVISIÓN

Bien, tal vez pienses que ver la televisión sea una propuesta extraña (¿qué diferencia hay entre eso y escrolear?). Estoy seguro de que cada vez te cuesta más ver la televisión sin tener que mirar el móvil cada dos por tres durante el tiempo que dura el programa o la película que estás intentando ver. En lo que respecta al cerebro y, en concreto, a la dopamina, si comparamos la televisión con las redes sociales, hay diferencias significativas. Ver la televisión requiere que el cerebro realice un poco de esfuerzo al menos, ya que hay que concentrarse y prestar atención a lo que se está viendo para experimentar cierto placer. En cambio, escrolear vídeos de las redes sociales no requiere ningún esfuerzo para obtener placer. Antes nos preocupaba que ver la televisión destruyera la mente de los jóvenes; ahora, imparto seminarios en las escuelas para que nuestros niños y adolescentes pasen un rato viendo la televisión alejados del móvil, y eso ya es un verdadero triunfo. (Por supuesto, la prioridad número uno es que salgan al aire libre y que se relacionen entre ellos). Esta tarde, y a partir de ahora, cuando veas la televisión, deja el móvil en otra habitación y observa la diferencia de cómo te sientes.

Al hacer ayuno telefónico por las tardes, ya sea durante una actividad social o mientras ves la televisión con tu familia o amigos, es importante que las personas con las que estés también participen en este reto. La razón por la que esto es tan importante se debe a algo llamado dopamina anticipatoria.[46] Es posible que te hayas dado cuenta de que, cuando ves a alguien utilizar el móvil, de repente sientes un impulso rápido de mirar tú también el tuyo. Lo mismo puede ocurrir con otras actividades de dopamina rápida. Si pasas por delante de un bar y ves a una persona bebiendo una copa de vino, es posible que sientas el impulso de tomar una. Lo mismo ocurre con la comida poco sana, el tabaco, etc. La dopamina anticipatoria se produce cuando el cerebro observa a alguien realizando una actividad dopaminérgica y genera un aumento de dopamina en el cerebro al imaginarte haciendo dicha actividad. Seguidamente, este aumento de dopamina te crea el deseo de recibir tú también dopamina de esa forma. Para que el ayuno telefónico junto a otras personas salga bien, es esencial que nadie utilice el móvil; de lo contrario, resistirse al impulso creado por esta dopamina anticipatoria será dificilísimo.

PASO 2:
CONFIGURACIÓN DEL MÓVIL

1. Tiempo de uso

Asegúrate de tener el panel de tiempo de uso en la pantalla de inicio o en la segunda pantalla para poder ver el uso diario. El siguiente gráfico ofrece una muestra sencilla de lo que es un uso saludable comparado con uno no saludable. Utilizar el móvil solo una hora al día es maravilloso. Con ello tu cerebro será capaz de prosperar. Si son dos horas al día, también es una buena cifra. Si la cantidad de tiempo es de tres horas, ahí es cuando empezamos a sobrepasar el límite de lo que nuestro cerebro puede gestionar. Cuando sobrepasamos las tres, cuatro, cinco o seis horas, nuestro cerebro empieza a pasarlo mal. Recuerda que no es raro que el tiempo de uso sea alto. El ayuno telefónico para reducir el tiempo de uso diario tendrá un gran impacto y mejorará significativamente el estado de nuestra mente.

2. Notificaciones

Asegúrate de tener casi todas las notificaciones desactivadas. Al principio, esto puede parecerte raro. Nos hemos acostumbrado demasiado a esa sensación de tener que estar conectados a todas horas. Esta sensación dispara el sistema dopaminérgico y hace que necesitemos usar más el móvil. Además de las llamadas de «emergencia» de tus contactos favoritos, desactiva todas las notificaciones de todas las aplicaciones. Desactiva también los avisos de notificación de los iconos de las aplicaciones. De esta manera, podrás usar las aplicaciones cuando quieras, en lugar de sentirte obligado a utilizarlas cada vez que tienes una notificación.

3. Aplicaciones de redes sociales

Coloca todas las aplicaciones de las redes sociales en una carpeta de la segunda pantalla. Si las aplicaciones de tus redes sociales son muy accesibles, ello hará que aumente la frecuencia con la que interactúas con ellas.

Momento de redes sociales
Una regla diaria sencilla para los adictos a las redes sociales

Dado que me cuesta mucho controlar mi adicción a las redes sociales, he creado una regla en mi vida que ha tenido un efecto transformador: lo que yo llamo «momentos de redes sociales». Son tres momentos clave del día que dedico a navegar por las redes sociales sin sentirme culpable.

Como sabemos gracias a lo que hemos aprendido sobre la dopamina, uno de los principales problemas es que, si abrimos las redes sociales cada vez que nos aburrimos, destrozamos nuestro sistema dopaminérgico. Teniendo esto en cuenta, si seleccionamos tres momentos clave para escrolear, permitiremos que nuestro sistema de dopamina se regenere en los intervalos entre esos tres momentos.

Pregúntate cuál es la red social que te genera más adicción. Cuando tengas la respuesta, quiero que escojas tres momentos. Mis tres momentos son las diez de la mañana, las tres de la tarde y las ocho de la tarde. He elegido estos tres momentos para...

1. **Evitar usar las redes sociales nada más levantarme, lo cual me ayuda a seguir motivado el resto del día.**
2. **No pasarme todo el descanso del almuerzo mirando las redes sociales.**
3. **Hacer ejercicio en lugar de acabar escroleando y procrastinando.**
4. **Mi regla de usar las redes sociales a las ocho de la tarde implica que tengo que haber cenado y recogido todo antes de permitirme usarlas.**

Tómate un instante para pensar cuáles deberían ser estos tres momentos en tu día a día. Podría haber uno por la mañana, uno a la hora del almuerzo o a primera hora de la tarde, y otro después de cenar. Cuando ya los hayas escogido, háblale a un amigo o a un familiar de tus momentos de redes sociales; así te esforzarás por comprometerte contigo mismo para seguir con este plan. Da igual lo desesperado que estés: no entres en las redes sociales fuera de estos tres momentos. Aunque al principio te cueste, tu fuerza de voluntad no tardará en aumentar, y la sensación positiva que experimentarás como resultado de consultar cada vez menos las redes sociales te motivará a seguir así.

A veces, cuando las personas empiezan a implementar la regla de los tres momentos en su vida, observan que, incluso sin darse cuenta, tienen los pulgares muy acostumbrados a deslizarse hacia las aplicaciones de la pantalla de inicio y hacer clic en ellas. Es vital que hagas clic en «X» en las aplicaciones de redes sociales y en «Eliminar de la pantalla de inicio». Después, durante estos tres momentos, simplemente busca la aplicación. La gente suele decir que esto tiene un impacto muy muy beneficioso.

Reto

A continuación, me gustaría que hicieras el reto del ayuno telefónico. Para llevarlo a cabo, tienes que hacer ayuno telefónico cuando te despiertes y una vez por las tardes durante los próximos siete días.

A lo largo de este reto, intenta que otras personas lo hagan contigo, un amigo, tu pareja o un familiar. De esta manera, la responsabilidad de ambos aumentará, y tendréis la oportunidad de hablar sobre el uso diario que tenéis del móvil. Es importante que le prestes atención a cualquier cambio que experimentes sobre cómo te sientes como resultado de pasar menos tiempo con el teléfono. ¡Comentad entre vosotros qué actividades os gusta más hacer sin el móvil!

Acepta la incomodidad

DOPAMINA
AGUA FRÍA
DOPAMINA
AGUA FRÍA
DOPAMINA
AGUA FRÍA
DOPAMINA
AGUA FRÍA
DOPAMINA
AGUA FRÍA

En primer lugar, midamos tu capacidad para salir de tu zona de confort.

En una escala del 1 al 10, puntúate a ti mismo según lo bien que se te dé esforzarte por salir de tu zona de confort. Sé sincero contigo mismo.

1 = fatal

10 = de maravilla

Los beneficios del agua fría

Estoy seguro de que te habrás dado cuenta del ascenso meteórico que ha tenido estos últimos años la popularidad de las duchas frías y los baños de hielo, así como de nadar en el mar.

Tal vez conozcas a un hombre neerlandés muy interesante que se llama Wim Hof, todo un pionero en popularizar este fenómeno. A lo largo de este capítulo, te voy a ofrecer datos respaldados por la ciencia que demuestran que sumergir el cuerpo en **agua fría** puede tener un efecto muy positivo, no solo por la increíble recarga del sistema dopaminérgico que supone, sino también por la gran cantidad de beneficios físicos y psicológicos adicionales que aporta. Por descontado, soy muy consciente de que congelarse en una ducha fría no parece una experiencia demasiado placentera o deseable. Teniendo esto en cuenta, te voy a vender esta idea lo mejor que pueda porque creo que se trata de una herramienta que vale la pena tener en la vida.

Antes de empezar a explicarte todo, quiero que mentalmente te traslades a un momento en el que te hayas sumergido en agua fría. Puede que fuera cuando, en vacaciones, fuiste corriendo a meterte en el mar o a nadar en una piscina con agua fría. Seguramente no te apetecía y, al entrar en el agua helada, quizá gritaste. Pero estoy seguro de que experimentaste esa sensación refrescante y energizante cuando te sumergiste en el agua, y la subsiguiente sensación de plenitud cuando saliste de ella y entraste en calor. Un *sketch* muy famoso de Michael McIntyre que me encanta (Michael es un cómico maravilloso del Reino Unido) describe la experiencia tan molesta que es intentar convencerte a ti mismo de tirarte al agua fría mientras tu amigo que ya nada despreocupado te dice: «Bueno, cuando estás dentro no se nota». Como descubriremos más adelante, eso es verdad. Tu cuerpo es una máquina física increíblemente capaz de sobrevivir en la naturaleza. Cuando entiendas los beneficios del agua fría, esta se convertirá en un hábito clave que mejorará tu vida.

Para entender por qué sumergir el cuerpo en agua fría puede ser beneficioso para los niveles de dopamina, debemos recordar nuestro modelo de equilibrio placer-dolor (página 23). Como descubrimos al principio de la parte 1, la zona de tu cerebro que experimenta placer y la que siente dolor están colocalizadas y funcionan como un balancín. Al emprender actividades duras y dolorosas, nuestro cerebro acabó desarrollando una sensación placentera que nos mantenía motivados, con el fin de poder resistir los retos del viaje ancestral que nos ha traído hasta aquí como seres humanos. Además, si durante este viaje solamente buscáramos placer, a través del sexo o la comida, sin centrarnos un poco en las actividades que requieren esfuerzo y que nos permiten sobrevivir, nuestro cerebro generaría una respuesta de «dolor» para reforzar que ese no es el estilo de vida adecuado para asegurar nuestra supervivencia.

A continuación, tómate un momento para imaginarte dándote una ducha de agua fría, congelada. No será una actividad placentera, sino todo lo contrario: será dolorosa. En ese momento de dolor que tu cuerpo siente al bañarse en agua fría, el mecanismo placer-dolor entra en acción. Para explicarte la intensidad con la que este mecanismo se pone en marcha, permíteme contarte cómo afectan a los niveles de dopamina determinados comportamientos de la forma de vida actual.

Para entender este fenómeno, debemos recordar que en un momento dado concreto tenemos una cierta cantidad de «dopamina basal», esto es, la cantidad de dopamina que circula por el cerebro y el torrente sanguíneo (véase la página 28). Si nos fijamos en lo que sucede con una droga tan adictiva y potente como la cocaína, se ha demostrado que esta aumenta el nivel basal de dopamina dos veces y media,[47] y lo hace tan rápido porque activa la respuesta de placer en el cerebro. Muy poco tiempo después, cuando el efecto de la cocaína desaparece, el otro lado del balancín entra en acción para que el cerebro vuelva a un estado de equilibrio al crear una respuesta de «dolor» proporcional en el cerebro que suele manifestarse en forma de ansiedad o depresión.

Por otro lado, un estudio de investigación fascinante que evaluaba la respuesta fisiológica del cerebro y el cuerpo humanos al exponerse a diferentes temperaturas del agua reveló que el agua fría también podía aumentar los niveles basales de dopamina dos veces y media:[48] ¡igual que la cocaína! Esto se debe a que el agua fría evoca la respuesta de «dolor» en el cerebro y, por lo tanto, durante el reequilibrio del balancín, aumenta el placer y, por supuesto, la motivación del individuo. Por esta razón, en lugar de tener un impacto negativo, el agua fría crea una sensación positiva. Una razón adicional por la que los niveles de dopamina aumentan significativamente al sumergirnos en agua fría, y algo que deberías saber a la hora de incluir este hábito en tu vida, es la relación entre la dopamina y la adrenalina.

La adrenalina es la hormona encargada de aportarle energía al cuerpo y aumentar el estado de alerta. Curiosamente, la dopamina y la adrenalina funcionan como «parientes» en el cerebro y el cuerpo. En el momento en que el agua fría golpea nuestro cuerpo, la adrenalina se dispara porque el cuerpo percibe que puede haber un peligro a su alrededor. Como consecuencia de este rápido aumento de la adrenalina, la dopamina aumenta, lo cual conlleva un ascenso significativo tanto de la motivación como de la concentración.

Junto a este increíble aumento de la dopamina —que es uno de los objetivos principales al aplicar *El efecto DOSE* a nuestra vida—, se produce una serie de beneficios adicionales. Se ha demostrado que la inmersión en agua fría mejora el funcionamiento del sistema inmunitario.[49] Un estudio reveló que las personas de los Países Bajos que se duchaban con agua fría todos los días durante noventa días tenían un 29 por ciento menos de probabilidades de ponerse enfermas que las que no lo hacían. Además, se ha observado que las duchas frías reducen los síntomas de depresión,[50] alivian el dolor muscular y articular,[51] mejoran la recuperación después de hacer ejercicio[52] y, por increíble que parezca, reducen la grasa corporal al quemar «grasa parda» durante el tiempo en que el cuerpo está frío.[53]

Con todo lo que sabemos sobre la dopamina y cómo puede ayudarte a tener impulso, te puedes imaginar lo útil que sería aumentarla significativamente al empezar el día. Con la siguiente estrategia y el reto correspondiente, probarás a ducharte con agua fría por las mañanas para conseguirlo. Esto te llevará a mejorar la concentración y la productividad durante las actividades matutinas para las que necesitas entrar en estado de flujo.

Cuando me encontré con todas estas investigaciones, me sentí molesto de verdad. No me gustaba la idea de que el agua fría azotara mi cuerpo por las mañanas, sobre todo, en invierno. Durante unos meses experimenté con una serie de estrategias para incluir este hábito en mi vida de forma sostenible. El siguiente plan te permitirá a ti también conseguirlo.

Recuerda que para incorporar comportamientos más saludables en tu vida ¡es primordial desarrollar la capacidad de vencer esa parte de tu mente que no quiere hacer cosas que suponen un desafío! La inmersión en agua fría es la manera perfecta de conseguirlo.

Estrategia

Para crear un hábito sostenible a la hora de darte baños de agua fría, no te pido que te des una ducha con agua helada, lo odies, me odies a mí y tires este libro por la ventana. Nuestro objetivo es ir incorporando las duchas frías poco a poco. Mañana por la mañana, métete en la ducha cuando el agua esté caliente y pasa el tiempo que necesites lavándote. Cuando hayas terminado, nuestro objetivo será que el agua esté fría, no tan fría como para que de verdad me odies, sino lo bastante fría para que tu cerebro y tu cuerpo experimenten una respuesta de «dolor». Durante ese rato, empieza a inspirar profunda y lentamente, y a expulsar todo el aire en una exhalación larga. Recuerda que el objetivo no es disfrutar. Es raro que alguien te diga que es algo que le encanta, porque debe ser una experiencia dura, y esa dificultad es lo que te recarga de dopamina y entrena tu resiliencia. Estas respiraciones lentas calmarán tu sistema nervioso (más adelante, en la parte 3, «La serotonina», hablaremos sobre cómo entender tu sistema nervioso). Cuando hayas pasado entre cinco y diez segundos debajo del agua fría, cierra el grifo y sal de la ducha. Es importante acabar con agua fría, en vez de volver al agua caliente, ya que el periodo en el que el cuerpo vuelve a entrar en calor te ayudará a producir más dopamina.

A la mañana siguiente, nuestro objetivo tan solo será que la ducha sea un poquito más fría y larga. Los beneficios se notarán desde el momento en que el cuerpo entre en contacto con el agua fría, pero nos esforzaremos por llegar a un punto en el que pases entre treinta y sesenta segundos bajo el chorro de agua fría. Un consejo interesante para guiarte es que, si te aseguras de que te esté dando el agua en la cabeza o en la cara cuando la pongas fría, será más fácil. Aunque parezca contradictorio, existe un fenómeno neurocientífico fascinante conocido como «reflejo de inmersión de los mamíferos» que demuestra que, cuando sumergimos la cabeza en el frío, nuestro cuerpo regula su temperatura con mayor rapidez.[54] Por eso suele ser más fácil saltar al mar que meterse en el agua poco a poco.

MÚSICA

Un consejo adicional que ha supuesto una diferencia ABISMAL para mí ha sido utilizar música. La música tiene un poder increíble por muchísimas razones, como veremos en la cuarta parte de este libro. Ponte una canción antes de entrar a la ducha. Después, cuando la canción llegue al estribillo o a la parte que más te guste, pon el agua fría. Canta, baila y mueve el cuerpo. La música mejorará tu estado de ánimo y te motivará para estar durante más tiempo bajo el chorro de agua fría.

Como ya sabemos gracias a lo que vamos aprendiendo sobre la dopamina, beber alcohol es uno de los comportamientos más comunes que muchos de nosotros adoptamos y que destruye nuestro sistema dopaminérgico. Como el agua fría produce el efecto contrario, será muy útil utilizarla durante los días posteriores a la ingesta de alcohol. Una forma sencilla de conseguirlo es llenar un recipiente grande con agua y hielo y sumergir la cara en él. Haz tres rondas y en cada una aguanta la respiración durante diez segundos. Obviamente, ve con cuidado: ¡no aguantes la respiración demasiado tiempo ni dejes que se te congele el cerebro! Si te parece demasiado, recuerda que el simple gesto de lavarte la cara con agua fría te proporcionará un ligero aumento de dopamina, algo que recomiendo encarecidamente hacer cada mañana nada más despertarse.

Reto

A continuación, me gustaría que hicieras el reto del agua fría. Para llevar a cabo este reto, tienes que ducharte con agua fría todas las mañanas durante siete días seguidos.

Al hacer este reto, ¡intenta convencer a un amigo, a tu pareja, o a un miembro de tu familia de que lo haga contigo! De esta forma, ambos os comprometeréis más a hacerlo y, además, esto dará pie a que habléis de los retos y los beneficios que surgen de la terapia con agua fría.

5

Encuentra tu objetivo en la vida

DOPAMINA
MI PROPÓSITO
DOPAMINA
MI PROPÓSITO
DOPAMINA
MI PROPÓSITO
DOPAMINA
MI PROPÓSITO
DOPAMINA
MI PROPÓSITO

En primer lugar, midamos lo claro que tienes tu objetivo.

En una escala del 1 al 10, puntúate a ti mismo en función de la claridad con la que puedas definir tus principales objetivos en la vida. Sé sincero contigo mismo.

1 = fatal

10 = genial

Cuál es
MI PROPÓSITO

**Hemos llegado al último capítulo de la primera parte.
Desde mi punto de vista, es un capítulo dedicado al elemento
más importante de la dopamina y, probablemente, del *efecto DOSE*.
Este capítulo te hará pensar sobre lo que de verdad buscas
en la vida y, lo más importante, lo que estás dispuesto a sacrificar
para conseguirlo.**

Durante muchos años, se ha conocido a la dopamina como «la sustancia química de la recompensa», la sustancia que nos proporciona una sensación de placer cuando conseguimos algo. Esta etiqueta no engloba la verdadera función de la dopamina. Como sabemos por lo aprendido sobre los cazadores-recolectores, la dopamina aumenta cuando perseguimos un objetivo, ya sea cazar un animal, construir un refugio o buscar comida. La dopamina se incrementaba para proporcionarnos el nivel necesario de motivación y concentración para alcanzar lo que queríamos conseguir. Creemos que nuestro objetivo en la vida es conseguir nuestras metas, pero en realidad cuando mejor nos sentimos es cuando las perseguimos.[55]

Al observar a personas que ganan la lotería, celebridades que llegan a lo más alto o ganadores de medallas olímpicas, vemos esta ciencia en acción. Cuando se alcanza un éxito de tal calibre, suelen surgir problemas de salud mental. Eso puede que ocurra porque esas personas ya no tienen nada que perseguir. Es increíblemente importante para nuestra neurobiología que tengamos la necesidad de avanzar. Si no fuera por este impulso tan profundo, no habríamos sobrevivido como cazadores-recolectores. Si, por ejemplo, me encontrara con una tribu de cazadores-recolectores y les proporcionara todos los recursos que pudieran imaginar, al principio podrían parecer entusiasmados, pero al cabo de varios meses mostrarían síntomas de desmotivación, depresión y pereza. Tendrían que dedicarse durante más tiempo a actividades desafiantes que les produjeran dopamina y empezarían a sufrir las consecuencias. Tener un propósito claro en la vida es importantísimo, un propósito que te parezca posible conseguir pero que, a la vez, te suponga un reto y al que tengas que dedicarle una cantidad de esfuerzo significativa. Al tenerlo, no solo aumentará tu dopamina, sino que poseer un objetivo concreto en mente te ayudará a controlar los diferentes comportamientos adictivos a los que nos enfrentamos. Como he mencionado al principio de este libro, aprender a gestionar una amplia gama de comportamientos dopaminérgicos rápidos me ha resultado muy muy difícil. Durante los últimos tres años, cuando ya tenía muy claro cuál era **mi propósito**, mi relación con estos comportamientos cambió por completo. Ahora que tengo un verdadero propósito, cuando pienso en beber demasiado o en tener resaca, o ver pornografía para satisfacer mis impulsos, o comer mal, o pasar mucho tiempo con el móvil y dejar las cosas para más tarde, recuerdo mi propósito y pienso: «Vale, ¿estoy dispuesto a sacrificar estos chutes rápidos de dopamina por la felicidad más duradera a largo plazo que me está proporcionando este propósito?». A medida que vayamos averiguando cuál es tu propósito, ello te ayudará a sacrificar los chutes de dopamina rápida a corto plazo por esta verdadera alegría a largo plazo.

Un motivo adicional por el que es vital tener un objetivo superclaro en la vida se ve cuando profundizas en la verdadera función de la dopamina. La dopamina está diseñada para mantenernos vivos y lo consigue cuando elegimos actividades que aumentan la probabilidad de que surja dicha dopamina. Para que tus niveles de dopamina sigan siendo saludables y con el fin de tener los niveles más altos posibles, has de ver el futuro con verdadera ilusión,[56] al igual que un cazador-recolector necesitaba saber que tenía comida y cobijo. Sin embargo, en nuestra vida moderna, este mecanismo es un poco más complejo. Tómate un segundo para pensar en un par de momentos de tu vida. Uno en el que te hayas sentido muy muy triste, y otro en el que te hayas sentido increíblemente feliz. A menudo, en los peores momentos nuestro futuro puede parecer sombrío; no es como nos gustaría. Esto puede suceder como resultado de quedarnos sin trabajo, de romper con nuestra pareja, de tener problemas de salud o de cualquier otra experiencia que nos quite la ilusión por el futuro. Por otro lado, en momentos extremadamente felices, como cuando nos ascienden en el trabajo, cuando sentimos que nos enamoramos o al reservar unas nuevas y emocionantes vacaciones, experimentamos ilusión y expectación por lo que está a punto de suceder en nuestra vida.

Hay una gran variedad de experiencias humanas que pueden proporcionarte un objetivo que perseguir. Vamos a averiguar cuál te parece la más apropiada para tu vida en este momento.

Para hacerlo, tenemos cinco campos en los que podría estar tu «propósito»: carrera profesional, familia, salud, creatividad y tu DOSE. Una vez que has leído cuáles son estas cinco áreas, te voy a poner un ejercicio muy sencillo para que identifiquemos cuál es tu propósito principal.

1. LA CARRERA PROFESIONAL

Nuestra trayectoria profesional es uno de los aspectos más importantes de nuestra vida. Pasamos gran parte de nuestro tiempo trabajando. Reflexionar sobre cuál es tu propósito principal dentro de tu profesión es un ejercicio muy valioso. Puede que hayas experimentado una sensación muy positiva en momentos en los que sabes que estás progresando en tu carrera. Quizá hayas destacado en un proyecto, hayas trabajado para conseguir un ascenso, o un compañero te haya felicitado por tus aportaciones. Todas estas experiencias generan un aumento significativo de tus niveles de dopamina mientras trabajas para alcanzar un objetivo determinado.

Dedica un momento a reflexionar sobre lo que más deseas en tu carrera profesional ahora mismo. ¿Hay algún proyecto que quieras terminar? ¿Te gustaría tener un ascenso concreto o un aumento de sueldo? ¿Querrías asumir más responsabilidades en tu puesto?

Elegir un objetivo muy concreto que desees alcanzar y trabajar de forma habitual para conseguirlo te ayudará a mejorar tus niveles de dopamina y, obviamente, a mejorar tu vida.

2. LA FAMILIA

Nuestra familia es un elemento vital de lo que nos hace humanos y de lo que nos proporciona verdadera felicidad. A continuación, en la parte 2, «La oxitocina», ahondaremos en la importancia de las relaciones familiares. Por supuesto, soy consciente de que cada persona que lea este libro puede encontrarse en una situación ligeramente diferente. Tal vez estés en los últimos años de tu adolescencia, en tu veintena, en tu treintena, puede que tengas hijos pequeños, o que estés en tu cuarentena, cincuentena o sesentena, una época en la que estás cuidando de tu familia.

El propósito de profundizar en los vínculos familiares es una forma maravillosa de mejorar tu dopamina y aumentar la oxitocina. Dedica unos momentos a reflexionar sobre cómo podrías reforzar tus lazos familiares. ¿Sientes que deberías volver a conectar con uno de tus progenitores? ¿Pasar más tiempo con tus hermanos? ¿Dedicar tiempo a relacionarte con tus abuelos? ¿O pasar más tiempo sin usar el móvil y prestar verdadera atención a tus hijos? Tal vez, también quieras reconectar o sanar una amistad con alguien de quien no sabes nada desde hace un tiempo.

Escoger un objetivo concreto relacionado con la familia y perseguirlo con esfuerzo y atención te ayudará a aumentar tus niveles de dopamina, además de a generar más amor en tu vida.

3. LA SALUD

Tu salud, tal y como estamos descubriendo y como iremos aprendiendo más y más profundamente a lo largo de *El efecto DOSE*, es uno de los aspectos más importantes de tu experiencia humana. Hace poco, un amigo mío me dijo: «Quiero poner mi vida en orden y el primer paso es centrarme en mi salud». En mi opinión, se trata de una afirmación increíblemente acertada.

Conforme nos adentremos en la serotonina y las endorfinas, aprenderás bastante sobre cómo mejorar tu salud a través de la salud intestinal, pasar tiempo en entornos naturales, el ejercicio, la calidad del sueño y mucho más. Al examinar este concepto a la hora de perseguir tu propósito, la salud es un punto de partida perfecto. Tal vez ya hayas notado alguna vez que, cuando empiezas a comer sano o hacer ejercicio con más frecuencia, te sientes de maravilla. Es importante entender que esta sensación sucede como resultado de los beneficios fisiológicos tanto del movimiento como de la alimentación, pero también es resultado de la consecución progresiva hacia un objetivo.

A continuación, dedica un momento a reflexionar sobre cuál es tu principal objetivo de salud en la vida. ¿Crees que necesitas comer alimentos más nutritivos? ¿Necesitas salir más de casa y mover el cuerpo con más frecuencia? ¿Necesitas dar prioridad a la calidad de tu sueño? ¿Necesitas concertar por fin una cita con el médico para revisar aspectos que te preocupan?

El propósito relacionado con un objetivo de salud mejorará tus niveles de dopamina, además de proporcionarte varios beneficios adicionales de salud asociados a estos hábitos.

4. LA CREATIVIDAD

Por naturaleza, los seres humanos tenemos cerebros increíblemente creativos. En realidad, es una particularidad del ser humano a la que se le saca menos partido a medida que avanzamos hacia un mundo que gira en torno a la tecnología cada vez más. Momentos de nuestro tiempo libre que antes pasábamos dibujando, pintando, leyendo o escribiendo, hoy en día, solemos pasarlos sentados en el sofá frente al televisor con el móvil en la mano. Bueno..., ¡eso ya no va a ser así ahora que te estás convirtiendo en un profesional del ayuno telefónico!

Por ejemplo, si eliges hacer un puzle en tu tiempo libre o emprender un proyecto artístico o musical, esa es una actividad que tendrá un impacto increíblemente positivo en tu vida. Tu cerebro está deseando avanzar hacia tus objetivos, y las aficiones creativas son una forma perfecta de conseguirlo.

¿Qué podrías perseguir como actividad creativa en tu vida? ¿Podrías hacer algo creativo en casa, como algún proyecto de bricolaje? ¿Podrías aprender a tocar un instrumento musical? ¿Podrías encontrar un proyecto artístico? (Hay unos libros increíbles de colorear para adultos que me han parecido muy relajantes). O puede que el propósito de leer este libro te suponga una afición creativa.

Reflexiona durante un momento sobre cuál podría ser tu propósito creativo. A raíz de esto, surgirán multitud de beneficios adicionales. Quizá puedas realizar esta actividad con alguien, un amigo, tus hijos, tu pareja o tus hermanos. Además, te ayudará a alcanzar tus objetivos relacionados con el ayuno telefónico, ya que te permitirá pasar tiempo alejado de la tecnología y las redes sociales, al mismo tiempo que dejas que se repongan los niveles de dopamina.

5. TU DOSE

Siempre me encanta explicar la parte de la dopamina relacionada con los propósitos, porque ahora puedes entender de verdad por qué he diseñado este libro de la forma en que lo he hecho. La razón por la que he escrito este libro en forma de fórmulas, con estrategias y retos que puedes probar, es que, nada más escoger leer este libro, entras en el propósito de un objetivo. Ya haya sido al mejorar tu habilidad para entrar en estados de flujo profundos, ser más disciplinado en tu entorno familiar, hacer ayuno telefónico de forma habitual o helarte el trasero al darte duchas de agua fría, ahora ya te has embarcado en el camino de tener un propósito que cumplir.

Si no estás del todo seguro de cuál debería ser tu propósito, no te preocupes. A partir de ahora, tu DOSE es tu propósito durante el periodo de tiempo que estés leyendo este libro y durante toda tu vida.

El mero hecho de entender que tu cerebro anhela profunda y biológicamente el logro y encontrar tu propia forma de crear ese sentimiento debe convertirse en una prioridad en tu vida.

Estrategia

Para identificar tu propósito, voy a sugerirte una de las prácticas más valiosas que he incorporado a mi vida: salir a caminar por las mañanas sin el móvil. Sinceramente, no puedo expresar con palabras el cambio que ha supuesto esto en mi vida, mi carrera profesional y mi salud mental.

Reflexiona sobre cuál de estos cinco propósitos es el que más deseas en tu vida ahora mismo.

El PROPÓSITO que más quiero

1 LA CARRERA PROFESIONAL

2 LA FAMILIA

3 LA SALUD

4 CREATIVIDAD

5 TU DOSE

Mañana por la mañana, sal a dar un paseo por un entorno natural sin el móvil. Si necesitas llevártelo para sentirte seguro, por favor, métalo en una mochila en modo avión. Ve a un entorno natural agradable y plantéate las siguientes preguntas: «¿Cuál es mi propósito? Ahora mismo, ¿cuál es mi verdadero objetivo en la vida?». Con demasiada frecuencia, en el mundo moderno de hoy en día, tenemos esperanzas y sueños, pero nos distraemos por la dopamina rápida que aleja nuestra atención de dichas esperanzas y sueños.

Si dedicas unos cuarenta y cinco minutos a reflexionar profundamente sobre esta cuestión y a charlar contigo mismo, volverás a casa con una visión y un plan para iniciar esta misión. Yo era una persona que nunca solía pasar tiempo en silencio. Una vez, estaba trabajando en la biblioteca de la universidad y me quedé sin batería en el móvil. Tenía que andar quince minutos desde la biblioteca para llegar a casa y odié la idea de pasar esos quince minutos en silencio. Al escribirlo ahora, me parece absurdo, pero lo que hice fue llevar el portátil en la mano con los auriculares conectados a él para evitar ese silencio. Me identifico plenamente con el deseo de distraerme constantemente escuchando pódcast o música o viendo programas de televisión.

No obstante, ahora creo que el tiempo que he pasado en silencio estos últimos años es el hábito que más ha influido en mi vida. Durante nuestro capítulo sobre la naturaleza, profundizaremos en el tema del silencio y en cómo puedo conseguir no solo que te sientas cómodo con la calma, sino que empieces a darle prioridad como uno de los aspectos más importantes de tu vida.

Reto

A continuación, me gustaría que llevaras a cabo el reto de tu propósito. Para hacer este reto necesitas ir a andar en un entorno natural, en silencio, sin el móvil, y reflexionar sobre cuál es el principal propósito que buscas en tu vida ahora mismo.

A lo largo de este reto, cuéntale tu propósito a alguien con quien tengas relación. Empieza la conversación describiendo de forma concreta lo que quieres conseguir en tu vida ahora mismo. Ofrécele la oportunidad de reflexionar sobre el mismo tema.

Construyendo tu *efecto DOSE*

A lo largo de la primera parte, has descubierto la importancia de entender el verdadero poder de tu sistema dopaminérgico. Te has embarcado en una aventura increíble al experimentar con una variedad de nuevos hábitos que te ayudarán a mejorar este sistema en tu cerebro.

Ahora quiero que dediques un momento a reflexionar sobre cuál de las cinco acciones dopaminérgicas primarias te parece más importante seguir priorizando. Sería increíble que todos estos comportamientos siguieran siendo una prioridad en tu vida. Sin embargo, es esencial seleccionar un comportamiento principal y asegurarse de tenerlo presente siempre. Ve paso a paso y celebra cada cambio positivo que hagas en tus hábitos.

¿CUÁL SERÍA TU ACCIÓN PRINCIPAL
para obtener DOPAMINA?

1. ESTADO DE FLUJO
La habilidad para adentrarte en estados
de focalización profunda.

2. DISCIPLINA
Mantener un ambiente organizado, limpio y tranquilo en casa.

3. AYUNO TELEFÓNICO
El compromiso diario de encontrar un momento
alejado del móvil por las mañanas y otro por las tardes.

4. AGUA FRÍA
Poner el agua de la ducha fría todos los días
para recargar tu motivación.

5. MI PROPÓSITO
La reflexión y selección del objetivo principal
que quieres conseguir en la vida.

Enseñanza clave. El principio más importante que debes extraer de tu increíble conocimiento de la dopamina es que tienes el control de tu motivación. Tú eres quien decide. Si sucumbes a la tentación de los chutes de dopamina rápidos con demasiada frecuencia, sin duda, te sentirás apático y desmotivado. Perseguir algo que de verdad te importa te parecerá una tarea ardua. Si, por el contrario, das prioridad a estas nuevas acciones dopaminérgicas que has aprendido, tus niveles de dopamina aumentarán y perseguir la vida con la que sueñas será más fácil que nunca.

¡Asegúrate de hablarle a un amigo o familiar sobre el reto principal de dopamina que has elegido!

PARTE
2

Confiar en uno mismo y conectar

OXITOCINA
OXITOCINA
OXITOCINA
OXITOCINA
OXITOCINA
OXITOCINA
OXITOCINA
OXITOCINA
OXITOCINA
OXITOCINA

Qué es la OXITOCINA

Bienvenido a la segunda parte de tu viaje DOSE, «La oxitocina». La oxitocina, que se define como «la gran facilitadora de la vida», es una de las sustancias químicas más poderosas que hay en tu cuerpo, y una de las más importantes tanto para nuestra procreación como para nuestra supervivencia como seres humanos.[1]

Esto se debe al poderoso impacto que ejerce en nuestro deseo humano de conectar con los demás, crear vínculos, trabajar en grupos codo con codo y tener hijos. Hace muchos años que emprendí el largo camino de estudio de esta sustancia química para aprender cómo puedo aumentarla en mi vida y en la vida de las personas que me rodean. El motivo de ello es que he visto el efecto transformador que la oxitocina puede tener en las relaciones, en la confianza en uno mismo y la autoestima y en nuestra percepción del mundo.

A lo largo de esta segunda parte, nos sumergiremos en la verdadera función de la oxitocina, veremos cómo nuestro estilo de vida moderno puede conducir a una reducción de su activación y, lo que es más importante, llevarás a cabo una serie de retos para aprender a aumentar tus niveles de oxitocina.

Para entender la oxitocina tenemos que retrotraernos al momento en el que naciste, un momento que no recuerdas, pero en el que la oxitocina apareció por primera vez en tu cerebro y tu cuerpo.[2] En el parto, se libera oxitocina tanto en el cerebro de tu madre como en el tuyo para crear el vínculo inicial entre ambos.[3] En el caso de tu madre, crea el fuerte deseo innato de cuidarte profundamente, de darte amor, de protegerte y de mantenerte a salvo. En tu caso, como recién nacido, crea el verdadero anhelo de ese amor, de esa conexión con tu madre y los cuidadores que te rodean, lo cual te ayudará a seguir con vida.[4]

Los principios de la oxitocina

PRINCIPIO 1:
NECESITA QUE TE RELACIONES CON LOS DEMÁS, Y EN PERSONA

A lo largo de los primeros meses de tu vida, empiezas a recibir amor de muchas formas, como a través de la lactancia materna (aunque se pueden conseguir resultados similares si no se opta por ella), el contacto físico y palabras cariñosas. Poco a poco, esta experiencia va generando de manera progresiva cada vez más oxitocina en tu interior al crear un profundo vínculo entre tú y quienes te están cuidando.[5] A medida que avanzas en la vida, la oxitocina sigue siendo increíblemente importante. En cualquier momento en el que recibas o des amor a otros, tanto tú como la persona con la que conectes experimentaréis un aumento de oxitocina.[6]

PRINCIPIO 2:
NECESITA QUE HABLES CONTIGO MISMO DE FORMA POSITIVA Y AGRADECIDA

Hay un componente más de la oxitocina que es indispensable entender, sobre todo, dada la influencia que tiene lo digital en nuestra vida. Dar y recibir amor no solo es algo que hacer con los demás, sino también por ti mismo. A menudo, nuestra sociedad basada en la comparación nos hace sufrir por el narrador interno de nuestra mente. Puede que tengas un crítico interno que te juzga constantemente por cómo vives tu vida, el aspecto que tienes o tus éxitos. Esto es perjudicial para la oxitocina. En cambio, para optimizar tu oxitocina, es primordial que integremos en tu vida hábitos clave que acallen esa voz crítica en tu mente y que mejoremos mucho no solo la relación que tienes contigo mismo, sino también tu capacidad de darte amor a ti mismo.[7] He tenido que esforzarme mucho para cambiar mis propios patrones de pensamientos negativos, y lo he pasado francamente mal al lidiar con esa voz interna crítica y juzgadora. Por lo tanto, he probado varias estrategias y he descubierto algunas que han transformado de verdad esa voz que había en mi cabeza para disfrutar en mi mente de una experiencia más llena de amor y empatía. Un efecto secundario interesante que se produjo como resultado de este cambio en mi relación conmigo mismo es que ha tenido una gran repercusión en mis avances de los diversos propósitos que considero importantes. Estoy seguro de que experimentarás lo mismo a medida que avances en la siguiente fase de este viaje DOSE.

En primer lugar, volvamos atrás y pensemos en nuestros antepasados y en el papel fundamental que desempeñó la oxitocina en nuestra evolución.[8] Como ya sabemos por lo que hemos aprendido sobre la dopamina, la supervivencia es lo que impera en las decisiones que tomamos relacionadas con nuestro comportamiento. En las primeras fases de nuestra evolución, a un ser humano le costaba sobrevivir por sí solo en las profundidades del bosque. Sin embargo, al individuo que trabajaba en estrecha colaboración con otros seres humanos para encontrar comida y refugio le iba mucho mejor. Por este motivo, desarrollamos un profundo deseo de pertenecer a un grupo, ya que ello era esencial para nuestra supervivencia. En grupo podíamos prosperar, pero solos desapareceríamos. Recuerda esto a la hora de analizar tu vida. Es posible que hayas vivido momentos en los que te hayas sentido excluido de un grupo de amigos, de un acontecimiento, de una fiesta y que hayas sentido malestar o ansiedad por ello. El sentimiento de exclusión está programado para inculcarnos miedo y para motivarnos a volver al grupo. En lo más profundo de tu ser, sabes que estar solo no es la situación ideal para sobrevivir y avanzar. Hoy en día, con el desarrollo de esta vida tan fundamentada en la tecnología, las cosas no dejan de cambiar. Reflexiona sobre lo diferentes que somos a cuando pasábamos todo el tiempo relacionándonos con los demás, trabajando hacia un objetivo común. Ahora, piensa en cuántos de nosotros pasamos gran parte del día delante del ordenador y trabajando casi siempre solos. Solemos pasar la tarde viendo la pantalla del móvil o la de la televisión, de nuevo, sin relacionarnos con los demás. Es evidente que la nueva forma de vida de nuestra sociedad reduce considerablemente la presencia de esta sustancia química clave para crear vínculos. Nuestro objetivo es explorar la forma de reintegrar las actividades que nos unen sin dejar de llevar una vida moderna y digital.

Todos somos diferentes. Algunos de vosotros, los más extrovertidos por naturaleza, tal vez podréis experimentar un aumento de la oxitocina en reuniones sociales con mucha gente.[9] Otros, los más introvertidos, podéis aumentar vuestra oxitocina a través de conversaciones y experiencias más íntimas de tú a tú.[10] Cualquiera de estos dos casos aumenta tus niveles de oxitocina, lo cual tiene un valor incalculable para nuestro bienestar. Si de algo estamos seguros es de que necesitamos relacionarnos con los demás para notar esos beneficios. Necesitamos sentirnos queridos y dar amor a los demás. Un estudio reciente reveló que más de tres de cada cinco estadounidenses experimentan soledad y sienten que les falta compañía.[11] Para poner las cosas en perspectiva, el Instituto Nacional sobre el Envejecimiento de los Estados Unidos considera que el aislamiento social prolongado tiene un impacto tan negativo en la salud como fumar quince cigarrillos al día,[12] y se calcula que la soledad acorta la vida de una persona hasta quince años.[13] Hoy en día, más que nunca, necesitamos el amor de los demás. En esta segunda parte, nos embarcaremos en tareas que te animarán a experimentar amor, a participar y a relacionarte con las personas que te rodean.

¿Tienes niveles bajos de oxitocina?

A la hora de intentar identificar niveles bajos de oxitocina, hay dos síntomas principales que podrías experimentar.

En primer lugar, quizá experimentes sentimientos de soledad y aislamiento.[14] Esto es algo por lo que he pasado en diferentes momentos de mi vida, y en los últimos años ha sido especialmente notable. En mi veintena, me di cuenta de que el estilo de vida que quería tener era un poco diferente al de mis amigos más cercanos. Para que lo entendáis, crecí en un pueblo cerca de Londres, en el Reino Unido, y siempre he formado parte de un grupo de amigos cuya vida social giraba en torno a la cultural del alcohol. Ir de fiesta es algo que me encantaba durante muchos años de mi vida, hasta el punto de que mi identidad estaba muy relacionada con ser esa persona que podía salir de fiesta sin parar. Conforme más investigaba sobre neurociencia y aprendía sobre salud mental, llegué a la conclusión de que quería llevar una vida diferente, una vida más tranquila y sana que me permitiera sentirme con más energía y motivación para perseguir los objetivos que más me importan. Como mis preferencias habían cambiado, me mudé lejos de Londres y me alejé también de este estilo de vida fiestero, lo cual al principio me generó sentimientos de soledad y aislamiento. Sin embargo, le dediqué tiempo y he pasado por un increíble proceso en el que he reconstruido un sentimiento muy fuerte de conexión con mi familia, mis amigos y mi comunidad local, y te iré guiando para que hagas lo mismo a través de unos retos que son realmente útiles.

La segunda sensación que puede surgir como resultado de niveles de oxitocina bajos es la falta de confianza y de creencia en uno mismo.[15] Vivimos en una época increíblemente extraña a raíz de que la sociedad gira en torno a las redes sociales, y la falta de confianza en uno mismo es algo que veo todos los días y con lo que ayudo a muchas personas. Esta sensación podría manifestarse al tener en tu mente una voz crítica y dudosa que no cree que seas capaz de alcanzar tus objetivos, o podría manifestarse como una crítica hacia tu apariencia y la duda en ti mismo al encontrarte en un contexto social. De forma similar al proceso que he recorrido para recuperar la sensación de amor y conexión en mi vida, me he esforzado mucho por fortalecer mi confianza y creer en mí mismo, y te voy a enseñar las técnicas que puedes utilizar para hacer lo mismo. En los capítulos 9 y 10, que hablan sobre la gratitud y los logros, respectivamente, experimentaremos con algunas estrategias increíbles y sencillas que han transformado mi forma de creer en mí mismo y la forma en la que me hablo; y dichas estrategias te permitirán experimentar lo mismo que yo.

Las CUATRO CAUSAS
de la oxitocina baja

Para que sea más fácil, he dividido las causas principales de la oxitocina baja en cuatro categorías principales. Cuando analizábamos las causas de la falta de dopamina, lo hicimos desde una perspectiva ligeramente distinta. Hemos creado métodos sofisticados para boicotear la creación de dopamina a través de las redes sociales, la comida basura o el alcohol, entre otras cosas,[16] las cuales hacen que aumente y luego se desplome. Con la oxitocina, la serotonina y las endorfinas, no hemos creado tales métodos para boicotear estas sustancias químicas. En vez de eso, tenemos que ver cómo nuestros comportamientos del día nos llevan a suprimir su producción.

1. La primera causa de las cuatro principales que derivan en niveles de oxitocina bajos es la falta de relación social.[17] Es algo sencillo, pero se sitúa en el centro del reto que tenemos por delante. A medida que la sociedad se centra más en lo digital, la calidad de las interacciones en persona se reduce a un ritmo vertiginoso. En el capítulo 8, dedicado a la vida social, analizaremos cómo conectas con las personas que hay en tu vida.

2. La segunda causa es el uso del móvil en momentos de relaciones sociales. Si estamos constantemente desviando nuestra atención de las personas con las que nos encontramos para comprobar nuestras notificaciones, reduciremos la calidad de la conexión que podría surgir en persona. ¿Te ha pasado alguna vez que cuando estabas contándole a alguien una historia, o hablándole de cómo te ha ido el día, esa persona no dejaba de mirar el móvil y te ha pedido que repitas lo que has dicho cuando has terminado de hablar? Es algo increíblemente frustrante y descorazonador, y con el paso del tiempo debilita la solidez de las conexiones emocionales que mantenemos los unos con los otros. Este es un motivo más por el que el ayuno telefónico es un hábito esencial por las tardes, no solo para recargar la dopamina, sino también para permitirnos conectar con los demás de la mejor forma posible y, además, asegurarnos de liberar toda la oxitocina que podamos.[18]

3. La tercera y la cuarta causas están relacionadas con otro aspecto de la oxitocina del que estamos aprendiendo: tu relación contigo mismo. La tercera causa es el efecto perjudicial que tienen las comparaciones en internet, lo que provoca una voz interior crítica.[19] Sin duda, compararse en internet es uno de los principales retos del mundo moderno. Ello causa una enorme falta de reconocimiento por lo que conseguimos y una falta de gratitud por la vida que nos ha tocado vivir. Si bien las redes sociales pueden ser maravillosas en tanto en cuanto nos permiten soñar con cosas

Una ecuación excelente para tener en mente es:

LA FELICIDAD

es igual a

la realidad

menos

las expectativas.

Léelo otra vez, despacio.

increíbles, también tenemos que tener muchísimo cuidado con las expectativas que nos creamos sobre nuestra vida, nuestras relaciones, nuestro trabajo, nuestra apariencia y muchos otros aspectos más, como resultado de consumir el contenido cuidado al detalle y perfecto que la gente publica en internet.

Tu felicidad está intrínsecamente conectada con las expectativas que tienes. Imagina que se acerca tu cumpleaños y quieres que sea el día más increíble de tu vida. Si el cumpleaños no sale como esperabas, ello te generará una sensación de insatisfacción y decepción. En cambio, si mantienes un nivel de expectativas normales y naturales, quizá veas que tu fiesta de cumpleaños es mejor de lo que te esperabas, y ahí es cuando puede surgir el máximo nivel de felicidad. Esto se debe a que la realidad ha superado tus expectativas. En el capítulo sobre la gratitud, ahondaremos en una estrategia práctica que transformará tu relación con las comparaciones y hará que sigas centrado en tu vida y en la de aquellos que te rodean.

4. La cuarta y última causa de la oxitocina baja es la autocrítica.[20] En un mundo tan consciente de la imagen como el nuestro, el análisis del aspecto físico y su repercusión en la autoestima y la salud mental constituyen un aspecto fundamental.[21] Esto nos afecta a muchos de nosotros. El mundo en el que vivimos en la actualidad es increíblemente consciente de la imagen. Ya sea que lo estés pasando mal por criticar tu cuerpo, tu pelo, tu cara o cualquier otra cosa, este diálogo interno es muy perjudicial para tu mente y para la relación contigo mismo. Con *El efecto DOSE* encontrarás dos soluciones. Una es aprender a quererte por quien eres, y la segunda es aprender a vivir tu vida de un modo que te permita sentirte físicamente sano de verdad.

Qué experimentamos cuando tenemos niveles de oxitocina altos

Cuando nuestros niveles de oxitocina sean altos, nos sentiremos mucho más conectados con las personas importantes de nuestra vida, además de experimentar un mayor nivel de confianza y autoestima.[22] A continuación, empezaremos a explorar las cinco acciones clave que puedes llevar a cabo para mejorar tus niveles de oxitocina y continuar tu camino de autoexploración respaldado por la neurociencia. Te espera una vida más feliz y llena de conexiones.

En la siguiente página, encontrarás un resumen de las principales funciones, principios, sensaciones y comportamientos que están relacionados con la mejora de la oxitocina.

Resumen de la oxitocina

Función →
- Relaciones
- Confianza

Principios →
- Necesita conexiones de buena calidad y en persona
- Necesita que hables contigo mismo de forma positiva y con agradecimiento

Sensaciones de la oxitocina baja →
- Soledad
- Falta de confianza

Causas de la oxitocina baja →
- Falta de socialización
- Uso del móvil en actividades sociales
- Comparaciones en internet
- Autocrítica

Sensaciones de la oxitocina alta →
- Conectado
- Confianza en uno mismo

Potenciadores de oxitocina →
- Aportar
- Contacto
- Vida social
- Gratitud
- Logros

6

Priorizar a otras personas

OXITOCINA
APORTAR
OXITOCINA
APORTAR
OXITOCINA
APORTAR
OXITOCINA
APORTAR
OXITOCINA
APORTAR

En primer lugar, midamos tu nivel de contribución.

En una escala del 1 al 10, puntúate a ti mismo según lo que sientas que aportas a los demás. Sé sincero contigo mismo.

1 → 10

1 = no aporto absolutamente nada

10 = aporto muchísimo

Qué es
APORTAR

**Este capítulo trata sobre una de las facetas más bellas
de la naturaleza humana.**

¿Alguna vez te has dado cuenta de que cuando haces algo por otra persona, ya sea un amigo, un compañero o un familiar, surge en tu interior un sentimiento cálido y de calma? Forma parte de la naturaleza del ser humano querer y apoyar a las personas de nuestro entorno. Imagínate a tus antepasados sobreviviendo juntos a todos los retos que la vida les ponía en su camino. Sin duda, era primordial que tuvieran el deseo innato y profundo de ayudar al grupo en todo lo que pudieran. Esta sensación de contribuir al grupo se ha ido reduciendo poco a poco a medida que nos hemos alejado de un modo de vida que gira alrededor de la comunidad y nos hemos acercado a otro en el que nuestros propios objetivos son lo más importante. A lo largo de este capítulo, justamente descubriremos cómo puedes aportar a las personas que hay en tu vida de una forma efectiva y valiosa.

El ejemplo más simple de la sensación que se genera al hacer algo que les aporta a los demás puede verse el día de Navidad. Cuando era pequeño, me hacía mucha ilusión la Navidad y estaba deseando bajar las escaleras corriendo para abrir los regalos. Cuando crecí, poco a poco empecé a disfrutar más de la experiencia de hacer regalos a los demás que de abrir los que me hacían a mí. Estoy seguro de que tú también has experimentado esta sensación, la emoción de darle un regalo a alguien a quien quieres, sobre todo, si te has pensado mucho el regalo y sabes que esa persona lo valorará. Eso es aportar. Eso es la oxitocina. La neurociencia moderna ha confirmado nuestra impresión instintiva de que comportamientos sociales como el apoyo grupal, la empatía y la cooperación derivan en un gran aumento de la oxitocina.[23] Actuar de forma desinteresada y centrarse en los demás es una cualidad necesaria y admirable que necesitamos desarrollar. Aquellos que hayáis visto la serie de televisión *Friends* quizá recordéis ese episodio que representa a la perfección este mecanismo en acción. En dicho episodio, Joey le dice a su amiga Phoebe que «no existen las buenas acciones desinteresadas». Viene a decir que es imposible hacer algo por otra persona y no sentirse bien después. Durante el episodio, Phoebe hace varias cosas por los demás, como recoger las hojas del jardín de un desconocido, tan solo con la intención de ver si puede hacer algo por otra persona sin sentirse bien con ella misma después. Phoebe descubre que es imposible: cada vez que ayuda a los demás, se siente bien consigo misma. Es un descubrimiento valioso y algo muy hermoso de nuestra naturaleza interior. Por supuesto, ayudar a los demás le servirá a la persona a la que ayudas, pero también hará que tú te sientas genial. Eso es la oxitocina, darle prioridad al amor por el grupo que te rodea.

En la época en la que empecé a descubrir la neurociencia que había detrás de **aportar** a los demás, empecé a analizar mi propia vida y mis actos. Al reflexionar sobre mis actos, me di cuenta de que gran parte de mi vida había estado orientada a mirar por mí mismo sin apoyar demasiado a mi familia, mis amigos y la comunidad que me rodeaba. Por ello, poco a poco me he embarcado en un increíble camino agradable y satisfactorio en el que oriento mi comportamiento del día a día a ayudar a las personas que quiero y a la gente que hay en este mundo. Cuando me siento a escribir este libro cada día, por ejemplo, obtengo, por supuesto, satisfacción personal a través del logro de la escritura. No obstante, la fuerza más poderosa que me mueve es pensar en vosotros, las personas que leéis este libro en este momento y empezáis a implementar acciones positivas que repercutirán en varios aspectos de vuestra vida.

Al igual que con todos los aspectos presentes en tu camino DOSE, he simplificado el concepto de contribuir en varias acciones y retos clave para que lleves a cabo y ayudes a personas presentes en tu vida mientras aumentas tus niveles de oxitocina. A continuación, exploraremos los cuatro aspectos clave en los que podrías contribuir. Léelos con atención e instintivamente observa cuál de los cuatro crees que es el más importante y valioso para ti y para las personas que te rodean ahora mismo, y empieza por ahí.

1. AMIGOS Y FAMILIA

En primer lugar, piensa en tus amigos y tu familia. Tómate un momento para reflexionar sobre algunos de los siguientes ejemplos acerca de cómo puedes aportarles algo a las personas a las que quieres.

- **Apoyo económico:** Contribuir al bienestar financiero de tu familia.
- **Limpieza y organización:** Contribuir a la limpieza de la casa de tu familia.
- **Cuidado de niños:** Ayudar a apoyar y cuidar a tus hijos, o a los hijos de tus amigos o de algún familiar.
- **Apoyo emocional:** Ser una persona a la que los miembros de tu familia y tus amigos pueden acudir cuando necesiten apoyo emocional.
- **Cocinar:** Contribuir al hacer la compra y cocinar para tus amigos y familia.
- **Educación:** Contribuir educando a las personas a las que quieres.
- **Tiempo de calidad:** Priorizar pasar tiempo con tus amigos y familia al organizar tu tiempo y dedicar momentos a relacionarte con ellos es otra manera de contribuir.

- **Celebrar los logros:** Contribuir al reconocer y celebrar los logros de otra persona (ahondaremos en este tema en el capítulo 10, «Logros»).
- **Sorpresas:** Esto no necesariamente significa organizar un gran cumpleaños sorpresa (por supuesto, si es lo que te apetece, puede serlo). Podría ser, simplemente, organizar una cita para ti y tu pareja por la noche, o podría ser limpiar la casa antes de que vuelva del trabajo, o tal vez hacerle un pequeño regalo a alguien a quien quieres y sabes que valorará (este libro podría ser una buena opción). Las sorpresas demuestran que piensas en ellos, que los valoras y que estás dispuesto a esforzarte para hacer que se sientan especiales.

2. EL TRABAJO

Tu trabajo es otra área de tu vida en la que podrías contribuir. Reflexiona sobre los siguientes ejemplos y observa cuál te parece el idóneo para saber cómo puedes contribuir en tu vida laboral.

- Entregar trabajos de buena calidad.
- Crear un buen ambiente al trabajar en equipo.
- Tomar la iniciativa en proyectos.
- Ser un buen líder.
- Resolver problemas y conflictos.
- Usar tu trabajo para cambiar el mundo.

Es fácil dedicar un gran esfuerzo a nuestro trabajo y no necesariamente reconocer cómo contribuimos a ello. Dedica un momento a felicitarte por cómo apoyas a las personas con las que trabajas y el impacto que está teniendo tu trabajo.

3. OBRAS DE CARIDAD

Hacer una obra de caridad es otra forma maravillosa de aportar a los demás. Sin duda, te proporcionará una liberación de oxitocina y hará que te sientas genial, pero el factor más importante es ser de utilidad para los demás de alguna forma.[24] Aquí tienes algunos ejemplos de cómo podrías aportar de forma caritativa al mundo que te rodea.

- **Voluntariado en un banco de alimentos de tu barrio:** Dedica tiempo a ayudar a preparar y servir comidas a personas necesitadas.
- **Dona sangre:** Participa en campañas de donación de sangre para salvar la vida de personas que la necesitan.
- **Programas de mentorías:** Hazte voluntario como mentor de jóvenes o personas que buscan orientación educativa o para su carrera profesional.

- **Voluntario en un refugio de animales:** Ofrece tu tiempo y ayuda en un refugio de animales para pasear perros, limpiar jaulas o ayudar con las adopciones.
- **Limpieza medioambiental:** Participa en iniciativas comunitarias de limpieza, como la recogida de basura en playas o parques para promover la conservación del medio ambiente.
- **Cuidado de ancianos:** Visitar o acompañar a personas mayores en residencias de ancianos o centros de cuidados que puedan sentirse solas o necesiten interacción social.
- **Recaudación de fondos para organizaciones benéficas:** Organizar o participar en eventos de recaudación de fondos como carreras benéficas, ventas de pasteles o subastas con el fin de recaudar dinero para organizaciones sin ánimo de lucro.
- **Donar posesiones:** Como ya sabemos, el proceso de hacer una limpieza profunda o reorganizar un espacio es maravilloso para la dopamina. Añade a estas tareas la donación de algunas de tus posesiones a organizaciones benéficas para liberar oxitocina.

4. LA COMUNIDAD

¡Sonríeles a personas desconocidas! De acuerdo, admitamos que esto suena raro y parece un poco inquietante. No obstante, se trata de algo importante y que de verdad quiero que pongas en práctica en tu día a día. En 2014, una psicóloga excelente llamada Gillian Sandstrom hizo un descubrimiento fascinante sobre el poder de las conexiones sociales fugaces.[25] Gillian descubrió que los momentos de conexión breves entre desconocidos pueden tener una influencia increíblemente positiva tanto en nuestro bienestar como en nuestro sentido de comunidad.

Quizá te hayas dado cuenta de que, si le sonríes a un desconocido mientras paseas al perro, eso es algo que te proporciona una pequeña dosis de alegría, o de que, si le preguntas al camarero de una cafetería: «¿Qué tal el día?», sientes una sensación de conexión con esa persona. El mundo actual cada vez va más deprisa, y muchos de nosotros nos limitamos a movernos únicamente en nuestro propio mundo. Una forma maravillosa de contribuir al mundo que nos rodea es simplemente participar en él, interactuar con la gente que vemos: sonreír, asentir con la cabeza, saludar. El mundo digital puede crear mucha soledad para algunos; esa conversación rápida con el dependiente del supermercado puede ser más importante de lo que crees.

Ahora ya tienes una idea clara de cómo podrías contribuir al mundo que te rodea. Ya sea en tus relaciones familiares o con tus amigos, tus compañeros de trabajo o tu comunidad local, es fundamental que lo conviertas en una prioridad. Nos sentimos mejor cuando damos prioridad a los demás.

Estrategia

Piensa en qué te gustaría aportar la semana que viene en los siguientes ambientes:

1. TU FAMILIA Y AMIGOS
2. TUS COMPAÑEROS DE TRABAJO
3. UNA ORGANIZACIÓN BENÉFICA
4. TU COMUNIDAD LOCAL

Reto

A continuación, me gustaría que hicieras el reto de la contribución. Para llevar a cabo este reto, todos los días, durante los próximos siete días, tienes que hacer algo amable por los demás de forma aleatoria. Esta acción podría ser de cualquiera de las cuatro áreas clave que hemos mencionado.

Al azar, prueba una de estas acciones bondadosas:
- Prepararle a alguien una comida agradable
- Ayudar a alguien con sus hijos
- Dedicar tiempo a escuchar a alguien
- Ayudar a un compañero con un problema en el trabajo
- Donar tu tiempo o tus bienes a una organización benéfica
- Pensar en tu propio acto de amabilidad

7

Conecta físicamente con los demás

OXITOCINA
CONTACTO
OXITOCINA
CONTACTO
OXITOCINA
CONTACTO
OXITOCINA
CONTACTO
OXITOCINA
CONTACTO

En primer lugar, midamos tu nivel de contacto físico actual.

En una escala del 1 al 10, puntúa la cantidad de contacto físico que crees que tienes en tu vida. Aquí se incluye el contacto romántico, el contacto con amigos y familiares e incluso el contacto con mascotas.

1 = ninguno

10 = muchísimo

Qué es
el CONTACTO

Una de las funciones principales de la oxitocina es el deseo intenso de seguridad física que genera.[26] Durante tus primeros meses de vida, te acogen con un contacto físico constante. Momentos después de nacer, te colocan sobre el pecho de tu madre, y, durante estos momentos, la oxitocina recorre todo tu cuerpo, lo cual contribuye significativamente a desarrollar el vínculo emocional entre ambos.[27] El contacto físico continuado y otros actos propios de la crianza, como la lactancia (si es posible), se convierten en elementos fundamentales de tu proceso de desarrollo.

Nota importante: Si no puedes dar el pecho, puedes conseguir esta deseada liberación de oxitocina aumentando de forma intencionada la cantidad de contacto físico que experimentas con tu hijo.[28]

Durante tus primeros meses de vida, solo puedes comunicarte mediante expresiones emocionales y sonidos. Cuando algo te angustiaba, tus cuidadores principales se acercaban a ti, te abrazaban, te mecían y la seguridad de esta conexión física te tranquilizaba. Investigaciones fascinantes pertenecientes al campo de la neurociencia actual han demostrado que durante estos momentos en los que alguien te abraza, se libera oxitocina al torrente sanguíneo y, como resultado, la principal hormona del estrés, el cortisol, también se reduce.[29] Esta es la primera vez que mencionamos el cortisol, que es un elemento importante para avanzar en nuestro viaje por *El efecto DOSE*. Muchos aspectos de nuestro estilo de vida moderno hacen que nuestros niveles de cortisol (en parte, podemos pensar en ellos como nuestros «niveles de estrés») sean muy altos. Gracias a la neurociencia actual, sabemos que el contacto físico no solo fomenta el amor y la conexión emocional, sino que también tiene gran capacidad de relajar el cuerpo.

Si te paras a pensarlo, tiene bastante sentido. Como ya bien sabes, nuestros antepasados pasaban mucho tiempo al aire libre en la naturaleza para sobrevivir. Los momentos de contacto físico, ya fuera en los primeros meses de vida o en cualquier momento de nuestra trayectoria vital, debían de proporcionarnos una sensación de tranquilidad y seguridad. La cantidad de **contacto físico** que todos recibimos a diario ha ido reduciéndose poco a poco, sobre todo, después de la significativa transformación social por el que hemos pasado con la COVID. En las sesiones formativas que he impartido sobre *El efecto DOSE* en empresas y escuelas por todo el mundo, usamos preguntas interactivas en directo que el público puede responder de forma anónima para ayudarme a entenderlos y que se entiendan entre ellos. En la sesión dedicada a la oxitocina, hago a la gente la siguiente pregunta: «¿De 0 a 10, ¿cuántos abrazos das de media al día?». Antes de seguir leyendo, responde ahora a esta pregunta: ¿cuántos abrazos te dan al día? Pueden ser todos con la misma persona o con personas diferentes; lo que queremos saber es el número total de abrazos.

Al plantearles esta pregunta a adultos de las empresas, la respuesta típica es entre uno y dos al día. Al plantearsela a los jóvenes en los colegios, la respuesta típica es entre ninguno y uno al día. No es suficiente. La primera vez que hice esta pregunta en directo y vi que la respuesta era una media de entre uno y cuatro abrazos, se me partió el alma. Amo a los seres humanos, sé que necesitamos el contacto físico, y se me rompió el corazón al ver el poco contacto físico que recibimos. En ese momento pensé: «Madre mía, esta gente necesita abrazos». Así que les pedí a todos que se levantaran y les dieran un abrazo a tres personas de la sala. Al decir esto, el público me miró fatal. Eran miradas que decían: «Diossss, ¿por qué nos has pedido que hagamos eso?». Procedí a guiarlos para que lo hicieran. Se levantaron, empezaron a abrazarse y lo que observé fue una locura. La gente pasó de sentirse incómoda a transmitir la mayor tranquilidad y felicidad que había visto nunca. Cuando se sentaron, se reían y se sonreían los unos a los otros. Ver el impacto de la oxitocina en vivo y en directo fue increíble. He procedido a hacer este mismo ejercicio durante todas y cada una de las experiencias de formación sobre la oxitocina, y el resultado siempre es el mismo. El público me mira y con los ojos me dice: «¿Por quéééé? No quiero hacerlo». Se levantan, se abrazan, estallan las risas y la alegría entre el público, y la energía de la sala cambia durante el resto de la formación.

Al hacer este ejercicio en centros escolares, sobre todo con chicas jóvenes, el efecto que he visto al aumentar el contacto físico ha sido fenomenal. Muchos de los jóvenes que me envían mensajes por las redes sociales me cuentan sus problemas con los amigos, el acoso y la confianza en sí mismos. Durante esta sesión, les propuse un reto muy fácil, del que hablaremos enseguida, el reto que consiste en llegar a darse un número concreto de abrazos diarios con los amigos. Los comentarios que he recibido sobre el influjo que ha tenido esto en la manera en que se sienten en sus grupos de amigos, cómo ha cambiado su confianza y cómo se ha reducido su ansiedad son, sinceramente, maravillosos. Necesitamos contacto físico; necesitamos oxitocina.[30]

Naturalmente, es importante tener en cuenta que todos tenemos preferencias diferentes en lo que se refiere al contacto físico. A algunos les encantan los abrazos y a otros no. Si estás en el bando de los que piensan que el con-

tacto físico no es algo que te apetezca, es importante que lo recibas de una forma que te resulte cómoda. Esto podría significar abrazar de vez en cuando a una persona en concreto con la que te sientas seguro, o podría significar tener contacto con mascotas. La gente siempre levanta la mano durante esta parte de nuestros directos y dice: «¿Qué pasa con las mascotas? ¿Qué pasa con las mascotas?». Es posible que tú mismo te hayas planteado esa misma pregunta a lo largo de este último capítulo. Puedes tener por seguro que abrazar a las mascotas también proporciona una increíble liberación de oxitocina.[31] Por eso, tanto si el contacto físico es algo que te encanta como si lo rehúyes, relacionarte con tus gatos o perros de forma habitual es una forma estupenda de conseguir el efecto que buscamos aquí. Además, recuerda que antes hemos mencionado que el contacto físico reduce de forma significativa las hormonas del estrés.[32] Así pues, si has tenido un día especialmente duro, no dudes en abrazar a tu pareja, a tus amigos, a tus hijos o a tus mascotas.

En cuanto al tema de los mimos, es importante mencionar la relación entre la oxitocina y las relaciones románticas. Cada persona que lea este libro se encontrará en un momento diferente. Algunos estarán casados, tendrán pareja, saldrán con alguien o disfrutarán de un periodo de soltería. El contacto físico íntimo es un momento que nos muestra el verdadero poder de esta sustancia química cerebral. Dedica un instante a pensar en tu primer momento de intimidad con una pareja a la que te sentías unido. Ese primer momento en que las manos y los cuerpos se tocan; esa sensación eléctrica que se dispara por el cerebro y el cuerpo. Eso es la oxitocina. Es una sensación que necesitamos.

PARA QUIENES TENGAN
PAREJA

En primer lugar, para aquellos que tengáis algún tipo de relación, quiero que reflexionéis de verdad sobre cuánto contacto físico tenéis con vuestra pareja. En este caso, no me refiero solo a las relaciones sexuales, aunque espero que el sexo también forme parte de vuestra relación, sino que me refiero además a cogerse de la mano, besarse, acurrucarse en el sofá, darse masajes el uno al otro, o abrazarse cuando os despedís. Sé de muchas personas que están pasando un mal momento en cuanto a su vida sexual y su apetito sexual. En este libro, hay secciones en muchos capítulos que tratan de la salud intestinal, el sueño profundo, el ejercicio físico, los estiramientos y el calor, aspectos que tienen una influencia positiva en el deseo sexual.[33] Sin embargo, el contacto físico es importantísimo. Tengo una historia corta al respecto que surgió en una sesión formativa.

En una empresa, un hombre que estaba en mi formación se sinceró conmigo cuando estuve hablando sobre el contacto físico. Él tendría cincuenta y tantos años y no le hacía mucha gracia que su empresa lo hubiera mandado a una «formación sobre salud mental», cosa que entiendo perfectamente. Gran parte de mi vida consiste en compartir con las personas lo diferente que es *El efecto DOSE* de lo que cabría esperar de la típica «formación sobre salud mental». Cuando hablaba con él, me contó que se dio cuenta de lo poco que abrazaba a su mujer. Le di mi opinión y le aseguré que es algo que suelo escuchar a menudo últimamente. Le propuse el fácil reto de asegurarse de que abrazaba a su mujer como es debido todos los días antes de irse a trabajar y cuando volvía a casa. A la semana siguiente, este señor volvió con una sonrisa de oreja a oreja. Le pregunté cómo le había ido, y escucharlo fue maravilloso. Me contó el gran cambio que supuso llevar a cabo el reto en la relación con su mujer y, para no entrar en detalles íntimos, también me contó que le ayudó a hacer revivir una parte importante de su vida personal que parecía haber perdido hacía años. Os dejo que penséis vosotros mismos a qué se refería. Lo que quiero decir es que, por favor, no subestiméis el poder de algo tan simple como un abrazo.

Nosotros, los seres humanos, somos una especie simple con necesidades simples que nos permitirán funcionar de la mejor forma posible. Ya sea porque quieras crear relaciones emocionales más estrechas con los demás, o incluso porque quieras mejorar tu vida sexual, asegúrate de darle verdadera prioridad a la relación física que estás creando con esa persona.

SOLTEROS

Esta parte es para aquellos de vosotros que no tenéis pareja. Se trata de una etapa importante por la que pasar y es una buena experiencia. Debes tomártelo como una oportunidad para disfrutar de la experiencia que es construir una relación sólida contigo mismo y llegar a un punto en el que te sientas verdaderamente cómodo y feliz contigo mismo. Esto te permitirá empezar tu próxima relación desde una situación mucho mejor. En vez de comenzar una relación para evitar la soledad, iniciarás una relación porque esa persona de verdad mejora tu experiencia vital. Si estás en esta posición, sigue siendo importante dar y recibir contacto físico. Esto significa que cuando veas a tus amigos, tu familia, tus sobrinos, a cualquier persona con la que tengas relación, debes priorizar incluso más la importancia de estos abrazos. Haz que los abrazos duren más, unos tres o cinco segundos; así liberarás más oxitocina.[34] Hacer un esfuerzo consciente para crear una mayor conexión física con todas las personas a las que quieres te ayudará a sentirte mucho más realizado en este aspecto.

Investigaciones recientes han demostrado un efecto adicional que tiene el contacto físico a la hora de percibir la sensación de soledad.[35] Durante nuestro siguiente capítulo, dedicado a la vida social, ahondaremos en la importancia de las relaciones sociales, la soledad, y cómo puedes sentirte más conectado con las personas que hay en tu vida. La soledad es algo con lo que lidian muchas personas en el mundo actual. El contacto físico es el remedio clave.

Hacer un esfuerzo consciente para crear más contacto físico con todas las personas a las que quieres te ayudará a sentirte mucho más realizado en este aspecto.

Estrategia

La intención de esta estrategia relacionada con el tacto es que pases esta semana incorporando de forma intencionada más contacto físico a tu vida. Esto dependerá de la persona. Si tienes pareja, esto podría incluir más besos, más abrazos, más mimos, más masajes, más darse la mano y más sexo. Si no tienes pareja, esto podría incluir más abrazos, y que estos sean más prolongados, cuando veas a tu familia y amigos. Tal vez también podrías ir a que te den un masaje; por supuesto, se trata de un capricho, pero un capricho tremendamente valioso para tu oxitocina y tu salud.[36] El tacto también podría formar parte de la rutina de autocuidados; por ejemplo, hidratarte el cuerpo y echarte crema en la cara como parte de dicha rutina también puede liberar oxitocina.[37] Para quienes tengáis mascotas, interactuad más con ellas esta semana, sentaos en el sofá y dadles mimos, ponedlas en vuestro regazo o llevadlas a dar más paseos.

Reto

A continuación, me gustaría que hicieras el reto del contacto físico. Para llevar a cabo este reto, nuestro objetivo es que des cinco abrazos al día. Soy perfectamente consciente de que pueden parecer demasiados, pero este es uno de los retos DOSE en el que he tenido MUCHÍSIMOS comentarios positivos y, por otra parte, si fueran menos abrazos, ¡no sería un reto!

Puedes abrazar a la misma persona cinco veces. Puedes abrazar a cinco personas diferentes o puedes ir mezclando. Podrías darle unos cuantos abrazos a tu pareja, otros cuantos a tu familia o amigos, y otros a tus compañeros de trabajo. Tal vez parezca extraño, pero, como todo lo que es parte del *efecto DOSE*, tan solo te recomiendo que lo intentes y observes cómo te sientes. Recuerda mantener el abrazo durante unos segundos para liberar más oxitocina.

Haz que los abrazos duren más, unos tres o cinco segundos, ya que esto te proporcionará una liberación de oxitocina mayor.

Priorizar las relaciones sociales

OXITOCINA

VIDA SOCIAL

OXITOCINA

VIDA SOCIAL

OXITOCINA

VIDA SOCIAL

OXITOCINA

VIDA SOCIAL

OXITOCINA

VIDA SOCIAL

En primer lugar, midamos cuánto socializas en la actualidad.

En una escala del 1 al 10, puntúa cuánto crees que estás socializando con los demás.

1 → 10

1 = nunca

10 = todo el rato

Qué es
la VIDA SOCIAL

La forma más sencilla de saber cuánto ansiamos y necesitamos las relaciones sociales es retrotraernos a cuando se decretaron los primeros confinamientos por la COVID. Quiero que te acuerdes de aquellos ridículos juegos *on-line* por Zoom en los que participamos; de aquel wifi que funcionaba fatal; del deseo de intentar hablar con todo el mundo a la vez por videollamada; de lo difícil que era que todo el mundo hablase a la vez. A pesar del auge y la relativamente rápida caída de estos momentos por Zoom, se demostró una cosa. Los seres humanos se necesitan los unos a los otros. Cuando empezaron aquellos momentos de confinamientos, enseguida ideamos estrategias para seguir conectados. Eso es la oxitocina.

Durante los últimos ochenta y cinco años, se ha estado llevando a cabo el estudio más largo sobre la felicidad humana en el mundo. Iniciado en 1938,[38] el estudio de Harvard sobre el desarrollo adulto[39] ha seguido a tres generaciones de varias familias para descubrir qué es lo que de verdad contribuye a nuestra felicidad. En este estudio han participado más de setecientas personas con diferente poder adquisitivo. Los investigadores han contactado con estas personas todos los años para preguntarles sobre su vida laboral, la vida familiar y su salud.

Hoy en día, el doctor Robert Waldinger lidera la investigación de este estudio, y los resultados son fascinantes. Al contrario de lo que podríamos pensar, en nuestra sociedad, la riqueza, la fama y el éxito no han sido los principales factores que han contribuido a la salud y la felicidad. De hecho, el predictor principal de una mayor estabilidad mental y física ha sido la calidad de las relaciones. Las personas de este estudio que tenían relaciones más estrechas con sus amigos y familia han vivido mucho más tiempo que aquellos que no las tenían. Además, demostraron tener un funcionamiento cognitivo mejor cuando eran ancianos: ¡recordaban las cosas con más claridad que aquellos que habían vivido en soledad!

Curiosamente, no solo se trataba de cuántas relaciones sociales tuvieron esas personas, o de si estuvieron casadas durante toda su vida, sino que todo giraba en torno a la calidad de las relaciones verdaderas. Aquellos que se describieron a sí mismos como los más satisfechos con sus relaciones a la edad de cincuenta años fueron los individuos más sanos cuando llegaron a los ochenta. Al parecer, las relaciones cercanas y cariñosas amortiguan una serie de retos físicos y psicológicos que surgen a medida que envejecemos. Los resultados de este estudio no sugieren que las relaciones tengan que ser perfectas. En estas relaciones pueden surgir disputas y retos que superar. No obstante, el predictor principal fue que las personas que tenían dichas relaciones verdaderas sentían que podían contar con los demás cuando lo necesitaran.

Durante miles de años hemos vivido en grupos pequeños y estrechos en los que las relaciones sociales eran una de nuestras prioridades. Con el desarrollo del mundo moderno, cada vez pasamos más tiempo delante de las pantallas, trabajando y buscando placer. En este capítulo, analizaremos tu **vida social** y hasta qué punto esta es una prioridad para ti. Por supuesto, **sé que cada** persona es un mundo. Algunos tendemos a ser más extrovertidos y nos encanta estar en grupos sociales grandes. Otros se inclinan por la introversión y prefieren las conversaciones más íntimas de tú a tú. En cualquier caso, hay una cosa que está clara: para prosperar y desarrollarse hemos de dar prioridad a construir relaciones afectuosas en nuestra vida.

La investigación moderna que explora el papel que desempeña la oxitocina en las conexiones sociales es fascinante. Sabemos que, en nuestros primeros años de vida, el contacto humano que experimentamos genera oxitocina[40] y sigue siendo así conforme nos vamos haciendo mayores. Los momentos de conexión social en los que ponemos toda nuestra atención y que son de alta calidad, tanto en las relaciones personales como en las románticas, son fundamentales a la hora de estimular este neurotransmisor en el cerebro y el cuerpo.[41]

En primer lugar, pensaremos en actividades que nos permiten tener una conexión social de buena calidad, y después pasaremos a ver cómo tus niveles de oxitocina pueden aumentar durante esos momentos. Como sabemos por lo que hemos aprendido sobre la dopamina, el alcohol es uno de los mayores retos a los que nos enfrentamos hoy en día. Gran parte de los encuentros sociales lleva consigo la ingesta de alcohol. Sé que cuando bebo menos y tengo una relación más equilibrada con mi consumo de alcohol mi vida mejora en todos los sentidos: mis relaciones son más fuertes, soy mucho más productivo, estoy de mejor humor, tengo más energía y me resulta mucho más fácil ser disciplinado en la vida. Aunque soy consciente de que beber alcohol forma parte de nuestra cultura social, las actividades que voy a sugerirte no implican consumir alcohol y te darán otras opciones para relacionarte con los demás.

ACTIVIDAD 1:
HACER EJERCICIO JUNTOS

Piensa en tus antepasados y en cómo pasaban tiempo juntos. Construían, caminaban, exploraban, cazaban y buscaban comida. Gran parte de nuestro tiempo aquí, en la tierra, lo hemos pasado haciendo ejercicio juntos. Como descubriremos en el capítulo 16, «Ejercicio», este es un elemento fundamental para tener una buena salud física y mental. El ejercicio es una manera estupenda de fortalecer tus relaciones sociales.

 Actividades que podrías hacer con un amigo o un familiar pueden ser correr, montar en bicicleta, levantar pesas, asistir a clases de baile, hacer yoga, pilates, artes marciales o practicar un deporte.

ACTIVIDAD 2:
ANDAR Y RELAJARSE EN LA NATURALEZA

Como descubriremos en mi capítulo favorito y más transformador del libro, «Naturaleza», andar por zonas verdes es una forma maravillosa de relacionarte con otra persona. La naturaleza tiene propiedades increíblemente calmantes para nuestro cerebro y cuerpo, y estar en estos entornos fomenta las conexiones de buena calidad.[42] Curiosamente, un reciente estudio de investigación demostró que cuando las personas socializan en ambientes naturales, se prestan más atención el uno al otro y conectan de forma más profunda.[43]

 Las actividades que podrías hacer en la naturaleza pueden ser andar, montar en bici, relajarte en el césped, o mirar y oler varias plantas.

ACTIVIDAD 3:
ESCUCHAR MÚSICA JUNTOS

Durante miles de años, los seres humanos han creado y escuchado una gran variedad de sonidos musicales. En el capítulo 18, «Música», descubriremos el gran impacto que tiene la música en la salud del cuerpo y el cerebro.[44] Escuchar música como una actividad social es una buena manera de conectar con los demás. En comparación con ver la televisión juntos, la música deja espacio para conversar y relacionarse. En una serie de estudios innovadores, escuchar música en entornos sociales aumentó la conexión y mejoró el estado de ánimo.[45]

 La próxima vez que estés relajándote con amigos o familiares, en vez de poner la televisión, barajad la idea de conectar entre vosotros escuchando música.

ACTIVIDAD 4:
HABLAR POR TELÉFONO EN VEZ DE MANDAR UN MENSAJE

Hoy en día, gran parte de nuestras conexiones sociales se producen por medio de mensajes que nos mandamos los unos a otros con el móvil. Un estudio fascinante analizó los diferentes niveles de oxitocina que se liberaban al mandarle un mensaje a una persona cercana o al llamarla. Al mandar un mensaje, no se liberaba oxitocina. El sonido reconfortante de escuchar una voz supuso una liberación de oxitocina mucho más significativa que en el caso anterior.[46] Quizá sientas que tu necesidad de conexión social se satisface con mensajes. Muchos lo creemos. Sin embargo, está claro que necesitamos oírnos hablar para relacionarnos mejor.

 Cuando quieras contactar con personas a las que quieres, asegúrate de llamarlas o hacer videollamada.

ACTIVIDAD 5:
COMER Y BEBER JUNTOS

Está claro que una de las formas favoritas de conectar socialmente es compartiendo nuestro amor por la comida y la bebida, ya sea invitando a un amigo o familiar a cenar a casa o quedando para salir a dar un paseo y tomar un café. Estos momentos son una forma maravillosa para relacionarte con los demás. Además, en esos instantes es muy importante continuar con la práctica diaria del ayuno telefónico. Sentarse con alguien en una cafetería mientras no deja de responder mensajes no es la experiencia más agradable del mundo. En esos momentos, asegúrate de no tener el móvil encima de la mesa y de que esté en modo avión. De esta manera, te será más fácil centrarte en la conversación en lugar de actuar como si lo que hay en el móvil fuera más importante que la persona que tienes delante.

A continuación, piensa cuál de estas actividades sociales te parece más atractiva:

1. HACER EJERCICIO JUNTOS

2. ANDAR Y RELAJARSE EN LA NATURALEZA

3. ESCUCHAR MÚSICA JUNTOS

4. HABLAR POR TELÉFONO EN VEZ DE MANDAR UN MENSAJE

5. COMER Y BEBER JUNTOS

CONSEJOS
para fortalecer tus conexiones sociales

A lo largo de la semana que viene, cuando estés en entornos sociales, quiero que tengas en cuenta estos hábitos adicionales para que de verdad mejores tus niveles de oxitocina y fortalezcas el cariño y la conexión que experimentarás.

1. MÓVILES FUERA DE LA VISTA

Los móviles, sobre todo, las notificaciones, son una barrera para conectar de verdad y tener conversaciones profundas. Siempre que estés con alguien en un entorno social, asegúrate de no tener el móvil encima de la mesa y de tenerlo guardado en el bolso.

2. ESCUCHAR DE FORMA ACTIVA

Esta habilidad de prestar atención y escuchar cuando la gente está hablando es fundamental y es algo que a muchos de nosotros nos cuesta. ¿Alguna vez has estado en una conversación en la que alguien no para de hablar, pero durante ese tiempo, en vez de estar escuchando, estás formulando mentalmente la respuesta a lo que está diciendo? Entonces no le estás escuchando de verdad y tampoco puedes conectar del todo con esa persona.

Por otro lado, cuando eres tú quien está hablando, es muy fácil saber si la otra persona te está prestando atención. Quizá tengas amigos con los que sientes que te escuchan de verdad; te miran a los ojos, asienten con la cabeza y da la sensación de que realmente se interesan por lo que les estás contando. Por otro lado, a lo mejor tienes otros amigos con los que experimentas todo lo contrario porque parece que siempre están distraídos o que probablemente intentan que la conversación trate sobre ellos mismos.

Una manera sencillísima de fortalecer la conexión que experimentas en entornos sociales es, simplemente, escuchar a los demás de forma activa cuando están hablando. Es una habilidad que mejora muy deprisa en cuanto le prestes más atención. Las conversaciones que mantengas serán mejores y más abiertas. La persona con la que estés hablando se sentirá más segura, más cómoda y más querida.[47]

3. HACER CUMPLIDOS

¿Alguna vez has recibido un cumplido, ya sea por cómo educas a tus hijos, inteligencia, salud o por tu amor hacia los demás? Recibir un cumplido sincero es una sensación mágica. La neurociencia moderna ha demostrado los beneficios que tiene para nuestro sistema de la oxitocina hacer cumplidos y recibirlos.[48]

Hacerle un cumplido a otras personas es algo que puedes realizar con más frecuencia sin mucho esfuerzo. Es una forma maravillosa de fortalecer la conexión con tus seres queridos. Claro está que los cumplidos a veces suelen hacer referencia a la apariencia de las personas. No obstante, creo que es bonito e importante que también elogiemos a los demás de otras maneras. A continuación, te propongo varias formas de hacerle un cumplido a otra persona hoy mismo.

- «Tienes una sonrisa que ilumina este sitio».
- «Eres muy amable y empático con tus seres queridos».
- «Se te da muy bien escuchar; hablar contigo siempre es muy relajante».
- «Tu actitud positiva es contagiosa; siempre es muy divertido salir contigo».
- «Eres muy elegante y tienes mucho estilo; siempre te vistes genial».
- «Tu determinación y esfuerzo me inspiran muchísimo».
- «La gente que hay a tu alrededor siente que la valoras y la tienes en cuenta».
- «Tu inteligencia y punto de vista son increíblemente impresionantes».
- «Tienes un corazón de oro; es mágico ser testigo de tu generosidad».
- «Tienes un sentido del humor increíble; tus chistes siempre me arrancan una sonrisa».

4. HACER CONTACTO VISUAL

Mientras hablabas con alguien, ¿alguna vez te has dado cuenta de cómo influye hacer contacto visual de forma directa con esa persona en la sensación de conexión que experimentas? Ya sea durante una conversación con un miembro de tu familia, un compañero de trabajo, o en un contexto romántico, sentirás que la calidad de vuestro vínculo aumenta cuando os miráis a los ojos. Curiosamente, investigaciones actuales han demostrado que establecer contacto visual durante una conversación se asocia con niveles más altos de oxitocina.[49] Además, las personas que mantienen el contacto visual son percibidas como mucho más seguras de sí mismas, algo que muchos de nosotros deseamos.

5. CONEXIÓN FÍSICA

Como ya hemos visto en el capítulo anterior, centrado en el tacto, la conexión física experimentada a través de los abrazos deriva en aumentos significativos de oxitocina, además de aumentar la conexión con esa persona.[50] Cuando saludes a tus amigos o familiares, asegúrate de que el contacto físico sea una prioridad. Estos momentos también son una buena oportunidad para dar un abrazo más largo si se trata de un día en el que no has tenido mucho contacto físico.

6. HACER BUENAS PREGUNTAS

A veces, en momentos de socialización, puede ser fácil que acabes hablando, sobre todo, de ti mismo. Asegúrate de hacerle buenas preguntas a la otra persona y demuéstrale que realmente te interesa su vida. De esta manera, esa persona se sentirá valorada y relevante, lo cual es una sensación importante para todos nosotros. Una forma sencilla de conseguirlo es repetir cosas que esa persona haya dicho, por ejemplo, utilizando los nombres que ha mencionado y haciéndole preguntas que le demuestren que estás siguiendo el tema del que está hablando. De esta manera, dejarás claro que has estado escuchando de forma activa.

Lista de comprobación

1. Dejar de lado el móvil

2. Escuchar de forma activa

3. Hacer cumplidos

4. Hacer contacto visual

5. Contacto físico

6. Hacer buenas preguntas

Construir tus HABILIDADES SOCIALES

A lo largo de mis años de docencia, muchas personas han acudido a mí porque sufrían ansiedad social. Se trata de un sentimiento de nerviosismo y timidez en situaciones sociales. Si estás pasando por lo mismo, por favor, plantéate seguir las siguientes pautas.

Durante la época en la que estudiaba psicología clínica, encontré un concepto llamado **«efecto foco»**.[51] Este concepto se refiere a la experiencia de estar en un entorno social y sobrestimar hasta qué punto los demás están analizando tu aspecto o tu comportamiento.[52] Quizá te haya pasado alguna vez que estás en un entorno social y empiezas a preguntarte qué piensan los demás sobre tu ropa, lo que dices o cómo te comportas.

Es muy importante que tengas en cuenta que esto es un comportamiento muy normal y natural propio de los seres humanos. Para nosotros, es normal querer gustar a los demás y sentirnos aceptados en el grupo en el que estamos. Ser aceptado y bienvenido en un grupo ha sido un elemento vital de nuestra supervivencia durante miles de años. El reto surge cuando dejamos que estos pensamientos nos definan y nos perdemos en ellos y, como resultado, desconectamos de la conversación que tenemos delante.

En esos momentos, nuestro objetivo es dejar de prestarle atención a esa voz interior que hay en nuestra mente y dirigirla hacia las personas con las que estamos.

Tres pasos para GANAR confianza en ti mismo

PASO 1:
ACEPTACIÓN

El primer paso no es luchar contra ello, sino decirse a uno mismo que es natural y que todo el mundo lo experimenta. Combatirlo y tratar de evitarlo solo agrava el problema. Lo curioso del efecto foco es que la gente suele estar demasiado ocupada preguntándose qué piensan de ellos los demás como para dedicar un segundo a analizarte. Resulta hasta gracioso que en contextos sociales todos tenemos tanta curiosidad y estamos tan pendientes de lo que los demás puedan pensar de nosotros que al final nadie tiene tiempo de analizar a los demás. Aceptar que a ti te pasa lo mismo que a muchas otras personas de ese entorno social hará que te relajes de forma natural.

PASO 2:
HACER CONTACTO VISUAL Y MANTENERSE ERGUIDO

Se ha demostrado que hacer contacto visual y tener una buena postura aumenta la sensación de confianza en uno mismo y transmite esa confianza a los demás.[53]

PASO 3:
PRESTAR ATENCIÓN Y APORTAR

Este paso es esencial. Como ya sabemos, una de las principales dificultades al prestar atención es que nos perdemos en nuestros pensamientos. Aunque aceptes esta situación, es imprescindible que escuches atentamente la conversación que tienes delante y aportes algo a la misma, además de hacer contacto visual e intentar concentrarte. Cuanto más inmerso estés en la conversación, más se desplazará tu atención del análisis interno al enfoque externo. De esta manera, los pensamientos dedicados a analizarlo todo mentalmente se irán acallando de forma natural.

Resumen para tener confianza en uno mismo en contextos sociales

PASO 1 Aceptación

PASO 2 Hacer contacto visual
y mantenerse erguido

PASO 3 Prestar atención
y aportar

En estos momentos, nuestro objetivo es dejar de prestarle atención a la voz interna que hay en nuestra mente y dirigirla hacia las personas con las que estamos.

Estrategia

Llegados a este punto, debemos abordar el problema de la soledad. A lo largo de la semana que viene, debes darles prioridad a tu vida social y a tus relaciones. Sea cual sea el momento en el que te encuentres, tanto si quieres ver a un grupo de amigos grande como si solo quieres llamar a un familiar o a un amigo con el que hace tiempo que no hablas, quiero que las relaciones sociales sean tu prioridad. Como sabemos, la soledad es un problema cada vez más presente en el mundo actual. Asegurarte de dejar un espacio en la agenda para conectar con las personas a las que quieres no solo aumentará tus niveles de oxitocina, sino que, como sabemos gracias al estudio más completo sobre la felicidad, tendrá un gran impacto en tu bienestar (quizá sea lo más importante).[54]

Reto

A continuación, me gustaría que llevaras a cabo el reto de la vida social. Para hacer este reto, tienes que planear y experimentar tres momentos de conexión social de calidad durante los próximos siete días.

Estas ideas incluyen:

- **Hacer ejercicio juntos**
- **Andar y relajarse en la naturaleza juntos**
- **Escuchar música juntos**
- **Llamar en vez de mandar mensajes**
- **Comer y beber juntos**

Y recuerda:

- **Alejar el móvil**
- **Escuchar de forma activa**
- **Hacer cumplidos**
- **Mantener contacto visual**
- **Establecer contacto físico**
- **Hacer buenas preguntas**

9

Ser agradecido todos los días

OXITOCINA
GRATITUD
OXITOCINA
GRATITUD
OXITOCINA
GRATITUD
OXITOCINA
GRATITUD
OXITOCINA
GRATITUD

En primer lugar, midamos tu nivel actual de gratitud.

En una escala del 1 al 10, puntúa lo agradecido que crees que eres cada día.

1 = nunca

10 = todo el rato

Qué es la GRATITUD

Al principio de la segunda parte, he mencionado que la oxitocina no solo se crea a través del amor y la conexión que construyes con la gente que te rodea. La oxitocina también se produce por medio del amor y la conexión que generas hacia ti mismo.[55] A lo largo de los dos capítulos siguientes, «Gratitud» y «Logros», vamos a explorar tu relación contigo mismo, es decir, la conversación que tienes en tu mente todos los días.

Muchos de nosotros sufrimos por esa voz interior que es crítica, esa voz que detecta tus debilidades personales y las dificultades que hay en tu vida. Es importante que entendamos que se trata de una característica ventajosa y natural que nos ha permitido evolucionar. Es valioso tener una mente que es capaz de identificar en qué se está equivocando y que trabaja para avanzar. No obstante, este mecanismo, en el mundo de las redes sociales —en el que no dejan de bombardearnos con nuevas formas de vestirnos, sentir y vivir—, esto supone un nivel de análisis de nosotros y de nuestras vidas abrumador.

«Las comparaciones nos roban la felicidad».

Esta es una afirmación emblemática y acertada.[56] Muchos de nosotros pasamos mucho tiempo pensando en lo que no tenemos, ya sea riqueza, casas, vacaciones, ropa, coches, apariencia o experiencias. Puesto que la comparación es el proceso de pensar en lo que no se tiene, la única solución viable es la **gratitud**, pues nos hace pensar de forma activa en lo que tenemos.
Sé que la sociedad es muy consciente de que «tenemos que estar agradecidos»; es un tema del que se ha hablado mucho. Pero, ahora mismo, pregúntate: ¿tienes un hábito diario en el que claramente hagas una reflexión profunda sobre lo afortunado que eres por tener lo que tienes y poder experimentarlo? ¿La respuesta es afirmativa? En mi opinión, la gratitud es una estrategia innegociable y necesaria para prosperar mentalmente en el mundo actual.

Volvamos a pensar en nuestros antepasados. Imagina que hay una tribu que avanzaba y tenía un buen método para encontrar comida, recoger agua, construir refugios y, lo más importante, sobrevivir. Se sentían en paz y felices con su experiencia en la vida. Supongamos que me acerco a esa tribu con un iPad y les enseño un vídeo de otras tres tribus que tienen un método más eficaz para encontrar comida, recoger agua, construir refugios y sobrevivir. El primer grupo no tardaría en experimentar la envidia y la decepción al comparar su vida con la de la tribu del vídeo. Hoy en día, vivimos en este estado, ya que no dejan de enseñarnos formas mejores de vivir.

Retomemos la ecuación que hemos presentado al principio de la segunda parte:

LA FELICIDAD

es igual a

la realidad

menos

las expectativas.

Si las expectativas que tenemos sobre nuestra vida son demasiado altas y por encima de la realidad que estamos experimentando, viviremos una vida llena de decepciones y envidias. La gratitud es la solución a este problema, una solución fácil de implementar y que tiene un impacto monumental en nuestra salud mental.[57] La gratitud es un hábito que tiene un valor infinito para dos aspectos de tu vida: tus relaciones y experiencias con los demás, y la conversación que se desarrolla en tu mente todos los días acerca de tu vida.

Estos DOS ASPECTOS son compartir la gratitud y sentirse agradecido

1. COMPARTIR LA GRATITUD

Un estudio reciente descubrió que practicar la gratitud en una relación, es decir, cuando los miembros de una pareja mostraban intencionadamente más niveles de gratitud hacia el otro, se asociaba a niveles de oxitocina más altos. Los investigadores afirmaron que la oxitocina y la gratitud son «el pegamento que une a los adultos para tener relaciones significativas e importantes».[58]

Si hoy tu amigo, pareja, compañero o hijo se te acerca y simplemente te dice «Gracias. Gracias por el apoyo que me das en mi vida, por cómo me sostienes, por hacerme comidas riquísimas, por esforzarte tanto, por limpiar nuestra casa, por escucharme» o por cualquier cosa en la que los ayudes, es muy probable que en tu interior experimentes un agradable sentimiento de calidez, un sentimiento que te dice que te valoran y te tienen en cuenta por todo lo que haces por esa persona.

En nuestro interior puede surgir un sentimiento complicado cuando sentimos que dedicamos mucho esfuerzo a nuestras relaciones y ese esfuerzo no es valorado o pasa desapercibido. Esto es algo que me suelen decir, sobre todo, cuando imparto formaciones en empresas en las que la gente siente que se está esforzando mucho dentro de su equipo para alcanzar el objetivo de la empresa, y ese esfuerzo no necesariamente es respetado o percibido. Cuando trato con familias, suelo observar lo mismo, ya que las contribuciones individuales no suelen ser valoradas. Un momento concreto en el que veo que la gente experimenta esta sensación es durante la maternidad, cuando las contribuciones tan increíbles de las madres no siempre reciben el nivel adecuado de reconocimiento.

Es primordial que desarrollemos la capacidad de expresar estas emociones de gratitud con cierta frecuencia. Por ejemplo, cuando hoy veas a tu familia, amigos o compañeros, simplemente dales las gracias. Dales las gracias por cómo están repercutiendo en tu vida. Haz que sientan que los tienes en cuenta y que los valoras. Durante este momento, ambos experimentaréis un aumento de oxitocina increíble y vuestro vínculo se fortalecerá.[59]

2. SENTIRSE AGRADECIDO

Un concepto conocido como «disposición a la gratitud» hace referencia a la capacidad que tenemos para detectar y valorar los aspectos positivos que hay en nuestra vida. Esta capacidad está asociada a mejoras significativas en el bienestar y a niveles de oxitocina más altos.[60] Una de las grandes dificultades a las que nos enfrentamos hoy en día es tener conciencia de todos los retos a los que se enfrenta nuestro mundo cada día. Todos los días oímos noticias de sucesos terribles. Es importantísimo entender que el cerebro humano es una máquina de aprendizaje y podemos condicionarlo con una facilidad asombrosa. Cuando en las noticias vemos y oímos que el mundo va mal en general, es muy fácil que esto afecte también a la forma en la que empiezas a ver tu propia vida. Tal vez te des cuenta de que a veces tus pensamientos se orientan hacia lo negativo, hacia lo que no va según lo planeado en tu vida. Aquí es donde la «disposición a la gratitud», el arte de detectar y valorar todo lo positivo que hay en tu vida, es fundamental en todos los sentidos.

Me gustaría que dedicaras un momento a reflexionar sobre las cosas por las que estás agradecido en la vida. Tal vez no tardarás en pensar: estoy agradecido por mi familia, mi casa y mis amigos. Nuestro objetivo ahora mismo es llevar este ejercicio a otro nivel, y ser todo lo concretos que podamos en cada área. Un ejemplo de esto podría ser que, en vez de pensar: «Estoy agradecido por mi familia», te preguntes: «¿Por quién de mi familia me siento agradecido ahora mismo?». Bien, ahora ya tienes en mente a una persona concreta. Pregúntate: «¿Por qué te sientes agradecido de tenerla? ¿Es por algo que haya hecho hace poco para apoyarte? ¿Es por su energía positiva? ¿Es simplemente por la alegría que experimentas al conectar con esa persona?». Cuanto más concreto seas, más inmersa estará tu mente en el estado de gratitud que queremos experimentar.

Aquí tienes una lista de varios aspectos de la experiencia humana por los que podrías sentirte agradecido. Dedica unos minutos a leerlos y selecciona tres con los que ahora mismo estés verdaderamente conectado.

Soy una persona que pasa por días que suponen un reto y momentos delicados. Estos días y momentos pueden surgir como resultado de problemas en las relaciones, retos en el trabajo, agotamiento, sobreexposición a la «dopamina rápida», o a veces mis emociones cambian de forma natural. Sea cual sea la causa, he descubierto que la gratitud es una de las soluciones más efectivas para cambiar mi estado de ánimo y volver a un estado de paz repleto de energía.

Estoy AGRADECIDO por...

1. UN AMIGO O FAMILIAR CONCRETO

2. MI CASA Y EL AMBIENTE EN EL QUE VIVO

3. MI SALUD, YA SEA POR MI CAPACIDAD PARA MOVERME, O POR LAS SENSACIONES DE ENERGÍA Y FELICIDAD

4. MI ESTABILIDAD ECONÓMICA

5. MIS OPORTUNIDADES Y NUEVAS EXPERIENCIAS QUE ESTÁN SIENDO POSIBLES GRACIAS A MÍ

6. LA NATURALEZA Y EL BONITO MUNDO EN EL QUE VIVIMOS

7. MI NUTRICIÓN, POR LO QUE PUEDO COMER Y BEBER CADA DÍA

8. MI APRENDIZAJE, LA OPORTUNIDAD DE ENTENDER MEJOR LAS COSAS, COMO AL LEER ESTE LIBRO, POR EJEMPLO ☺

Estrategia

La gratitud es algo que mejorará cómo te sientes en cuanto empieces a practicarla. No obstante, nuestro objetivo ahora mismo es centrarnos en que sea un elemento fundamental de tu forma de pensar y actuar todos los días. Sin duda, se trata de una habilidad que se aplica a la regla del crecimiento compuesto presente en *El efecto DOSE*, un camino en el que todos los pequeños cambios que realizas en tu vida se suman y multiplican para llegar a crear una verdadera transformación psicológica. Cuanto más constante seas, más influencia tendrá conforme vaya pasando el tiempo.

En tu día a día, hay dos aspectos en los que te guiaré para que compruebes de forma intencionada cómo te sientes y dejes espacio para la gratitud.

1. POR LAS MAÑANAS

Tener presente la gratitud al empezar el día es un método efectivo que hará que seas más optimista.[61] Al incluir un nuevo hábito en tu vida, es importante emparejarlo con algo que ya sea una parte clave de tu rutina diaria. Por ejemplo, puedes hacerlo al levantarte, al hacer la cama (recuerda cuando hablamos de la disciplina), al ducharte o al cepillarte los dientes. El mejor consejo que puedo darte es que lo hagas al dar un paseo por la mañana antes de entrar en las redes sociales. Durante la tercera parte, dedicada a la serotonina, descubriremos el efecto transformador de la luz del sol y la naturaleza. Emparejar la práctica de la gratitud con un paseo matutino es una forma mágica de empezar el día y te ayudará a hacerlo estando de mejor humor.

2. A LA HORA DE DORMIR

A veces, cuando nos tumbamos en la cama por la noche, nuestros pensamientos pueden jugarnos una mala pasada. Es posible que en este momento te den ganas de ver un programa de televisión o ponerte un pódcast con el fin de calmar el ruido que hay en tu mente mientras empiezas a intentar conciliar el sueño. A lo largo del día, estamos tan increíblemente estimulados que pasar de ese nivel de estimulación a un estado de reposo tranquilo puede ser todo un reto. Muchas personas me cuentan que, mientras están tumbadas en la cama por la noche, en su mente suelen surgir preocupaciones sobre aspectos de su vida que no van según lo previsto. Este es tu segundo instante del día para poner en práctica la gratitud. En ese momento, dirigir tu mente hacia ese estado la calmará y acallará esos pensamientos, ya que tu cerebro se tranquilizará al saber que estás a salvo y que todo va bien. Es muy probable que sientas que estás mejor que simplemente bien; puede que estén ocurriendo cosas maravillosas en tu vida que tu mente había olvidado. Tanto si eres de los que experimentan este ruido mental como si te sientes en paz y quieres aprovechar ese estado mental, practicar la gratitud al conciliar el sueño es fundamental.

Recuerda que además de esta práctica intencional, debes estar agradecido por los momentos en los que alguien te apoya en la vida, por el trabajo, por tu casa, por tu familia y por tus relaciones, entre otras cosas. Comparte tu gratitud. Asegúrate de que la otra persona sienta que valoras el amor y los cuidados que te da.

Tu pregunta diaria para practicar la gratitud

Esta es la parte más fácil. Para practicar de forma efectiva la gratitud, pregúntate a ti mismo:

«Ahora mismo, ¿cuál es la cosa por la que estoy más agradecido?».

Ejemplos

- «Me siento muy agradecido por tener... en mi vida».
- «Me siento muy agradecido por la casa en la que vivo».
- «Me siento muy agradecido por tener salud».
- «Me siento muy agradecido por las oportunidades que tengo en mi vida».
- «Me siento muy agradecido por la naturaleza tan bella que hay en nuestro mundo».
- «Me siento muy agradecido por la situación económica en la que estoy».

Al plantearte esta pregunta, ten en cuenta la variedad de opciones que hemos explorado en la página 149 y escoge la que más espacio te ocupe en la mente. A continuación, tómate un momento para preguntarte: «¿Por qué me siento agradecido por esto?», «¿qué impacto tiene esto en mi vida?», «¿cómo sería todo si esta persona no existiera, o si yo no tuviera esta cosa o esta experiencia?». Sumérgete en este estado profundo de gratitud dos veces al día y experimentarás un cambio increíble en la positividad de tus pensamientos diarios.

Reto

A continuación, me gustaría que hicieras el reto de la gratitud. Para llevar a cabo este reto, tienes que hacerte a ti mismo la pregunta diaria para practicar la gratitud una vez por la mañana y otra vez por la noche durante los próximos siete días.

Mientras haces este reto, asegúrate de que la gratitud hacia los demás también esté en el primer plano de tus pensamientos.

10

Creer en ti mismo

OXITOCINA
LOGROS
OXITOCINA
LOGROS
OXITOCINA
LOGROS
OXITOCINA
LOGROS
OXITOCINA
LOGROS

En primer lugar, midamos tu nivel actual de confianza en ti mismo.

En una escala del 1 al 10, puntúa cuánto crees en ti mismo.

1 = nada en absoluto

10 = muchísimo

Qué son los LOGROS

Quiero empezar este capítulo contándote un par de historias, historias que te ayudarán a ver la importancia de tu voz interior.

Quiero que te imagines a dos parejas de padres. Ambas parejas están criando a un niño pequeño, digamos, de cuatro o cinco años. Los primeros padres eligen criar a su hijo diciéndole constantemente en qué áreas de su vida está cometiendo errores. «En el colegio estás haciendo esto mal, y con tus amigos, esto otro, y en casa, esto también lo haces mal».

La segunda pareja de padres decide hacer un esfuerzo consciente para identificar en qué aspectos su hijo está haciendo las cosas bien. «En el colegio, esto te está yendo muy bien; está genial que actúes así con tus amigos, y gracias por ayudar tanto en casa». Piensa en cómo avanzan y en la confianza que tienen en sí mismos estos dos niños. El primero tendrá muy poca confianza en sí mismo y se sentirá inseguro al pensar en cómo debe comportarse o lo que sabe hacer. El segundo creerá en sí mismo y en las habilidades que posee. Esto no es más que el resultado del estilo de comunicación que han experimentado con sus padres.

Cuando observamos cómo nos hablamos a nosotros mismos en nuestra mente, solemos inclinarnos por usar el estilo de los primeros padres, es decir, no dejamos de criticarnos a nosotros mismos por las cosas en las que cometemos errores en nuestra vida. Casi nunca identificamos y celebramos nuestros éxitos. En este capítulo, desarrollaremos una práctica diaria sencilla que cambiará tu forma de comunicarte contigo mismo y, a la vez, hará que creas mucho más en ti mismo.

La segunda historia no solo habla de lo positivo que es hablar con uno mismo desde el punto de vista de la confianza, sino de cómo influye esto en la posibilidad de alcanzar los objetivos que te has propuesto. Imagínate a dos personas cuya intención es comer más sano y tratar mejor su cuerpo. Un lunes por la mañana, ambos deciden que esa semana van a alimentarse de forma realmente saludable. De lunes a viernes, los dos lo hacen genial y alimentan su cuerpo con nutrientes valiosos y sanos. Sin embargo, el sábado los dos se olvidan de esta semana tan sana y se comen una *pizza* gigante y una tarrina de helado. Una de esas personas se enfada y se dice a sí misma que «siempre acaba haciendo lo mismo» y lo mal que se le da «estar a dieta» y que «nunca podrá ser una persona que coma sano». La otra persona escoge un camino diferente. Reconoce que es frustrante haber incumplido el objetivo de comer sano durante esa semana. Aun así, se concede un momento para pensar en lo increíble que es haber comido de forma saludable durante cinco días seguidos. Y lo celebra.

La primera persona ha recalcado su comportamiento negativo. Su cerebro ha oído una y otra vez: «Se me da fatal comer sano». La segunda persona ha destacado su comportamiento positivo: «Es increíble que haya pasado cinco días comiendo sano». A pesar de que ambas hayan hecho exactamente lo mismo desde el punto de vista nutricional, con el paso del tiempo van a experimentar resultados radicalmente diferentes. Para integrar plenamente un hábito positivo en la vida, también debes desarrollar la capacidad de darte cuenta de tus progresos y celebrarlos con frecuencia.

Estudios neurocientíficos fascinantes han demostrado la relación entre la oxitocina y la capacidad de una persona de comunicarse consigo misma de forma positiva y constructiva.[62] Un estudio reciente concluyó incluso que los niveles más altos de oxitocina reducen la comunicación interna negativa en hombres que sufren ansiedad.[63] Además, reconocer y celebrar los logros personales va más allá de la mera forma de comunicarse con uno mismo; también influye en la forma de comunicarse con los demás. Al observar el impacto que tiene la oxitocina en entornos grupales, se ha comprobado que está asociada a un aumento de la capacidad de las personas para compartir emociones positivas, confiar en los demás, cooperar mejor y, en definitiva, aumentar la cohesión del grupo.[64]

Antes de que desarrollemos tu estrategia para identificar tus **logros** y los de los demás, es importante que entiendas las bases de la neuroplasticidad. La neuroplasticidad se define como «la capacidad del cerebro para crear y reorganizar conexiones sinápticas, sobre todo en respuesta al aprendizaje o la experiencia».[65] Un ejemplo sencillo de la neuroplasticidad en acción sería cepillarse los dientes. Se trata de una habilidad que está profundamente arraigada en el cableado neuronal del cerebro. Si mañana te dijera que durante un mes tienes que lavarte los dientes con la otra mano, la primera semana te resultaría muy difícil. Sin embargo, a medida que transcurriera el mes, desarrollarías la capacidad de cepillarte los dientes con la otra mano. Así actúa la neuroplasticidad: el cerebro se reconfigura a sí mismo. Si te dijera que siguieras lavándote los dientes con esa nueva mano durante tres meses, te darías cuenta de que después de ese periodo de tiempo sería todo un reto volver a usar la mano que usabas siempre.

Si piensas en cómo te hablas a ti mismo, es probable que tengas muchos pensamientos negativos y críticos sobre tu trabajo, tu aspecto, tus relaciones, tu éxito o lo que sea. La única solución es crear en tu mente una voz nueva. Una que te ensalce. A la larga, una vez que hayas hecho esto durante el tiempo suficiente, empezará a resultarte difícil criticarte a ti mismo.

Estrategia

Para integrar esta capacidad en tu vida, de forma similar a como lo hicimos con la gratitud en la página 150, necesitamos elegir un momento del día en el que identificarás tu logro principal más reciente.

1. POR LA MAÑANA

Mi consejo es que combines esta actividad con la práctica de la gratitud. Primero, hazte la pregunta de la gratitud: «Ahora mismo, ¿cuál es la cosa por la que estoy más agradecido?».

Después, hazte la pregunta de los logros (en la siguiente página). Puedes hacerte estas preguntas por la mañana mientras haces la cama, te duchas o te lavas los dientes, pero te recomiendo encarecidamente que te las hagas mientras des un paseo por la mañana (véase la página 94). Soy una persona a la que caminar en silencio le resultaba muy muy difícil y era algo que evitaba intencionadamente a toda costa. Tanto la gratitud como los logros se convirtieron en la solución a este problema. En el próximo capítulo, centrado en la naturaleza, descubriremos el verdadero poder de sumergirse en entornos naturales sin usar auriculares.

2. DESPUÉS DEL TRABAJO

Otro momento adicional en el que puedes dedicar un minuto a identificar tu logro principal es al terminar la jornada laboral. Para muchos de nosotros, nuestra vida laboral es intensa, alimentada por una lista interminable de tareas pendientes. Puede ser fácil que uno pase un día esforzándose mucho, y luego, aun así, no deje de encontrarse con esa voz mental que nos dice todo lo que no conseguimos completar. En este momento, al salir del trabajo, dedica unos minutos a celebrar los progresos que has hecho en los proyectos en los que estás trabajando.

Nota importante: Identificar y celebrar los logros tiene un beneficio adicional muy notable sobre otra sustancia química del cerebro, ¡la dopamina! A lo largo de la primera parte, hemos hablado de la importancia de tener un **propósito**, la elección y el empeño por conseguir el objetivo principal de tu vida. Cuando avanzamos hacia nuestro objetivo más importante y reconocemos los avances que hemos hecho, no solo aumenta nuestra oxitocina, sino también la dopamina.[66] Como consecuencia, se incrementan nuestros niveles de motivación para seguir esforzándonos por alcanzar los objetivos que tenemos.

Pregunta diaria sobre tus logros

Esta parte es fácil. Para identificar correctamente tus logros, pregúntate lo siguiente:

Ahora mismo, ¿cuál es el logro principal del que más orgulloso me siento?

Al hacerte esta pregunta, piensa qué has conseguido que te haya hecho sentir orgulloso. Recuerda que no tiene por qué ser ninguna cosa enorme. Tan solo se trata de logros cotidianos que sientes que te ayudan y garantizan que tu vida vaya en una dirección adecuada.

EJEMPLOS DE LOGROS DIARIOS:

1. Pasar tiempo alejado del móvil
2. Concentrarte mejor cuando estás trabajando
3. Pasar tiempo leyendo este libro
4. Conectar más con tu familia y amigos
5. Hacer algo amable para otra persona
6. Tener más contacto físico en tu vida
7. Ser más agradecido cada día
8. Hablar de forma más cariñosa sobre tu apariencia
9. Pasar tiempo en entornos naturales
10. Hacer ejercicio con más frecuencia
11. Consumir comidas y bebidas más sanas
12. Tener la casa más ordenada

Tras constatar tus logros, felicítate por ellos. Al principio puede parecer raro, pero, al igual que un padre cariñoso, dite a ti mismo: «Bien hecho», «es increíble que hayas estado dedicándole tiempo a esto», «los beneficios para mi vida han sido...», y así sucesivamente. Si te haces a ti mismo constantes comentarios positivos sobre tu comportamiento diario, notarás un cambio enorme en cómo te hablas a ti mismo, ya que será de forma positiva y, al final, acabarás confiando más en ti. En lugar de no dejar de repetirte en qué aspectos de la vida no acaba de irte bien, empiezas a darte cuenta de que estás progresando. Y el progreso genera más progreso. Cobras impulso, y tu vida, tu salud y tus hábitos no tardan en mejorar.

Reto

A continuación, me gustaría que llevaras a cabo el reto de los logros. Para realizar este reto, debes hacerte la pregunta diaria sobre los logros durante los próximos siete días, una vez por la mañana y otra después del trabajo.

Mientras haces este reto, procura tener en mente también identificar y celebrar los logros de los demás.

Nota importante: Cuando veas que te hablas de forma negativa, recuerda tus logros y los progresos que has hecho últimamente. Imagina esta situación como un balancín: si surge una conversación negativa, tienes que hacer que el balancín se incline hacia el otro lado, hacia la conversación positiva.

Construyendo tu *efecto DOSE*

A lo largo de la segunda parte, hemos explorado el verdadero poder de aumentar los niveles de oxitocina para tener una vida más llena de amor.

Te has adentrado en una aventura increíble en la que has experimentado varios comportamientos nuevos que te ayudarán a mejorar este sistema en tu cerebro.

A continuación, me gustaría que dedicaras un momento a reflexionar sobre cuál de las cinco acciones principales relacionadas con la oxitocina te parece que es más importante priorizar en tu vida. Obviamente, yo, por mi parte, pienso que sería increíble que les dieras prioridad a todos estos hábitos en tu vida. Sin embargo, es muy importante que elijas un comportamiento principal y te asegures de que se arraigue profundamente en tu vida. Si te resulta más sencillo, puedes ir añadiéndolos a tu rutina uno a uno.

¿CUÁL SERÁ TU ACCIÓN PRINCIPAL
relacionada con la oxitocina?

1. APORTAR

Asegurarte de tener en mente ayudar a los demás

2. TACTO

Darle prioridad a tener más contacto físico

3. VIDA SOCIAL

Dedicarle tiempo a conectar de verdad con la gente a la que quieres

4. GRATITUD

Una práctica diaria que sumergirá tu mente en la felicidad que te proporcionan tus experiencias

5. LOGROS

El compromiso de ensalzarte a ti mismo por los esfuerzos y avances que estás haciendo en tu vida

¡No olvides contarle a un amigo o miembro de tu familia el reto principal relacionado con la oxitocina que has elegido!

PARTE 3

Sentirse con energía y más feliz

SEROTONINA
SEROTONINA
SEROTONINA
SEROTONINA
SEROTONINA
SEROTONINA
SEROTONINA
SEROTONINA
SEROTONINA
SEROTONINA

Qué es la SEROTONINA

Te doy la bienvenida a la tercera parte de tu camino por *El efecto DOSE*: la serotonina. Guau, esta me hace especial ilusión: es la parte que estaba deseando escribir. La serotonina es una sustancia química mágica que, cuando se activa correctamente, te da fuerzas para experimentar la vida de forma mucho más sana. La mejor forma de entender la serotonina es pensar que esta sustancia química te ayudará a cuidar bien de tu cuerpo.

En la sociedad actual, hemos creado la idea de la «salud mental». A veces, esto puede llevarnos a pensar que los desafíos que surgen en nuestros pensamientos solo suceden en nuestra mente. Sin embargo, esto no es así. Por el contrario, tener un cuerpo tranquilo, sano y lleno de energía es esencial para experimentar la verdadera alegría que puede proporcionarnos nuestra mente.

A lo largo de la tercera parte, primero exploraremos la función real de la serotonina y cómo muchos aspectos de la vida moderna están provocando una reducción de su activación, y después ahondaremos en una serie de actividades y retos que podrás poner en práctica y que te permitirán optimizar tu serotonina.

Los principios de la serotonina

PRINCIPIO 1:
EL 90 POR CIENTO SE CREA EN EL INTESTINO

El aspecto más importante de la serotonina que debes entender es que esta sustancia química no se crea en su totalidad en el cerebro. De hecho, ¡el 90 por ciento de la misma se produce en el intestino![1] Esto establece una gran diferencia con respecto al resto de las sustancias químicas sobre las que estamos aprendiendo, ya que estas se producen, principalmente, en el interior de nuestro cerebro.

PRINCIPIO 2:
UN CUERPO MÁS FELIZ TIENE COMO RESULTADO UNA MENTE MÁS FELIZ

Se ha demostrado que la serotonina que se produce en el intestino influye de forma directa en nuestro estado de ánimo, en nuestra energía, emociones y en el funcionamiento de nuestro sistema nervioso.[2] Dado que se produce dentro del intestino, esto nos permite ver de forma muy clara la importancia de cuidar de esta parte del cuerpo. Cuanto más feliz sea tu cuerpo, más feliz te sentirás mentalmente.

Las emociones son mensajes del cuerpo

La palabra «emoción» significa, literalmente, 'energía en movimiento'. Muchos de nosotros, cuando experimentamos emociones complicadas como la tristeza o las preocupaciones, o cuando estamos bajos de ánimo, nos sentimos incómodos y tratamos de distraernos de estos sentimientos al creer que este es el camino más fácil. Un ejemplo de ello podría ser que, cuando estamos tristes, optamos por comer algo dulce o pasar tiempo en las redes sociales para olvidarnos de esas emociones. Como hemos aprendido en la primera parte, dedicada a la dopamina, estos comportamientos de «dopamina rápida» solo agravan el problema. Mientras trabajamos en esta parte sobre la serotonina, quiero que tengas en cuenta un concepto importante: estos sentimientos surgen dentro de ti por una razón. Si los observas con detenimiento, te darás cuenta de que muchos de ellos son «sentimientos viscerales». Sientes que provienen de tu cuerpo, ¡y así es!

Sencillamente, son mensajes que intentan cambiar tu forma de vivir la vida. A tu cerebro y a tu cuerpo se les da fenomenal sobrevivir: ese es su objetivo principal, mantenerse con vida y transmitir tus genes. Al igual que los comportamientos saludables te producen una sensación de recompensa para que los repitas con más regularidad, los comportamientos perjudiciales para ti te producen una sensación negativa para que no los hagas con tanta frecuencia. Empieza a escuchar tus emociones. En el capítulo 11, dedicado a la naturaleza, y en el capítulo 14, dedicado al concepto de subpensar, esta idea te quedará más clara. Cuanto más escuches a tus emociones y adaptes tu comportamiento diario a las mismas, más feliz y sano te sentirás.

En qué consiste la conexión entre el cerebro y el cuerpo

Cada uno de nosotros tiene doce nervios craneales: son los nervios primarios que nacen en la parte superior de la columna vertebral y se comunican con el cerebro para cubrir diversas funciones como la vista, el gusto, el oído y muchas más.

Once de estos nervios proceden de la parte superior de la columna vertebral y ascienden hasta el cerebro. El otro nervio restante va hacia abajo y llega hasta la garganta, el pecho y el abdomen. Se trata del nervio vago. Debe su nombre a la palabra latina *vagus*, que significa 'errante', debido a sus extensas conexiones por todo el cuerpo. El nervio vago es el que permite la comunicación entre el intestino y el cerebro, y evalúa constantemente el estado del cuerpo. Entre otras cosas, controla el ritmo cardiaco, la respiración, la digestión, el estado de ánimo, los niveles de energía y el sistema inmunitario.[3] Si estás tratando a tu cuerpo de la forma saludable que este necesita, ello influirá directamente en cómo te sientes emocionalmente. Aquí es donde las cosas se ponen interesantes de verdad, porque el término «salud mental» nos lleva a pensar que todo esto es algo que ocurre en nuestro cerebro. Sin embargo, está claro que tu cuerpo también influye de forma significativa en la experiencia que tienes en tu mente cada día.

El nervio vago

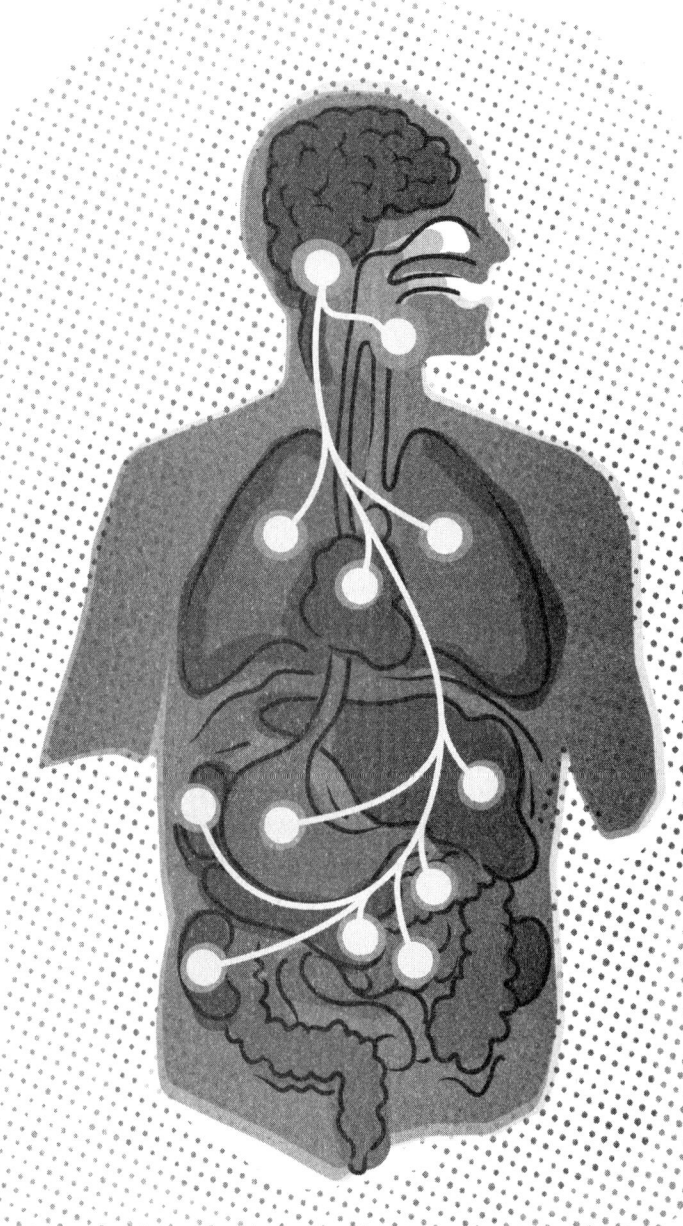

Hay dos funciones principales que quiero que aprendas a asociar con la serotonina. Se trata del estado de ánimo y los niveles de energía.[4] Es importante entender la conexión que existe entre estos dos sentimientos. Cuanta más atención les prestes a tu estado de ánimo y a tu energía, más evidente será su conexión. Si tus niveles de energía son muy bajos, es muy difícil que puedas mantener un buen estado de ánimo, tranquilo y positivo. El problema es que nuestro mundo y estilo de vida actuales pueden ser increíblemente agotadores. Por lo tanto, a lo largo de este capítulo ahondaremos en diferentes maneras de optimizar tus niveles de energía y, como resultado, mejorar tu estado de ánimo.

Nuestros antepasados optimizaron la serotonina hasta alcanzar un nivel elevado. Sabemos que su dopamina se satisfacía mediante la búsqueda constante de la supervivencia.[5] Por su parte, la oxitocina se satisfacía a través de su profunda necesidad de amor y conexión dentro de los grupos.[6] En cuanto a la serotonina, debemos tener en cuenta cómo trataban su cuerpo. Quiero que de verdad visualices su estilo de vida, el cual a veces era duro, pero totalmente diferente al nuestro. Se despertaban por la mañana con una luz brillante y natural, inmersos en un entorno natural. Oían los pájaros, los animales y el sonido de la naturaleza a su alrededor. Exploraban su entorno local en busca de comida, agua, herramientas, refugio o nuevos lugares donde vivir. Para sobrevivir desarrollaron una relación de verdadera conexión con la naturaleza. Comían alimentos naturales que no estaban procesados y bebían agua fresca de los ríos y montañas que los rodeaban. Dormían profundamente por la noche sin acceso a la luz artificial. Esto es lo que quiere la serotonina. Si comparamos su estilo de vida cotidiano con nuestro modo de vida actual, veremos que existen algunas causas principales responsables de los niveles bajos de serotonina que experimentamos en la actualidad. Exploraremos qué provoca que tengamos la serotonina baja y después ahondaremos en qué desencadena estos niveles.

¿Tienes niveles de serotonina bajos?

Si tus niveles de serotonina son bajos, será frecuente que experimentes nerviosismo, ansiedad o desánimo, o que sientas que tienes poca energía.[7] Recuerda que es normal tener estos síntomas; es natural y nos pasa a muchos de nosotros. La clave está en darte cuenta de ello y, después, empezar a incorporar comportamientos que nos den la solución. A continuación, reflexiona sobre cuál de las siguientes cuatro causas te produce niveles de serotonina bajos.

Las CUATRO CAUSAS de serotonina baja

1. **Una dieta poco saludable con alimentos procesados.** Esta es fácil de entender. La serotonina se crea en el intestino.[8] Si a tu intestino le llegan alimentos sanos y nutritivos, pensará: «Bien, con esta comida no me cuesta generar serotonina». Por el contrario, si a tu intestino le llegan alimentos poco sanos, azucarados y grasientos, tendrá que dedicarle tiempo a intentar eliminar esos alimentos del cuerpo. Producir serotonina pasa a ser la última de sus prioridades. Seguro que te ha pasado esto alguna vez. Comes algo que no es sano, y eso genera un pico de dopamina enorme en el cerebro por el azúcar de esa comida y, al principio, te sienta genial.[9] Cuando terminas de comer, conforme tu cuerpo va digiriendo la comida, experimentas una bajada en tu estado de ánimo y tus niveles de energía.[10] Seguidamente, te apetece comer más alimentos procesados para experimentar otro chute de dopamina. A lo largo del capítulo 13, dedicado a la salud intestinal, exploraremos a fondo tu relación con la comida y la bebida y veremos cómo podemos mejorar la salud de tu intestino.

2. **Falta de sueño de calidad.**[11] Hoy en día, este es un problema común. Muchos de nosotros tenemos trabajos muy demandantes, además de adicciones graves a la tecnología (aquí me incluyo a mí mismo). Quedarnos despiertos hasta tarde con el móvil, mirar las notificaciones por la noche y empezar el día navegando de una red social a otra nada más despertarnos son hábitos que suponen problemas de varios tipos para nuestra neurobiología. En el capítulo 15, dedicado al sueño profundo, descubrirás qué pasos puedes seguir para mejorar la rapidez con la que te quedas dormido, cuánto tiempo puedes dormir y la calidad del sueño en sí misma.

3. **Falta de tiempo al aire libre.**[12] Para sorpresa de nadie, al haber evolucionado durante 300 000 años recorriendo el mundo natural, desde el punto de vista neurobiológico estás diseñado al dedillo para que experimentes una conexión directa con el mundo natural y una cantidad considerable de luz solar. Progresivamente, nuestra forma de vivir en torno a lo digital nos está llevando a que pasemos la mayoría de nuestro tiempo en espacios cerrados. A esto hay que sumarle que cada vez somos más los que no le damos prioridad a pasar tiempo en espacios naturales. En los capítulos 11 y 12, emprenderemos el camino hacia la construcción de una relación nueva con el mundo natural que hay a tu alrededor.

4. **Falta de luz solar.** Por supuesto, esto está causado por pasar poco tiempo al aire libre. En el capítulo dedicado a la luz solar, aprenderemos que cualquier exposición a esta, ya sea en un entorno natural o no, es increíblemente beneficiosa para tus niveles de serotonina.

Los síntomas de tener niveles altos de serotonina

Cuando empieces a incorporar las actividades que hayas elegido para aumentar tus niveles de serotonina, los síntomas que experimentarás serán estar de buen humor, estar tranquilo y sentirte con más energía cada día que pasa.[13] Estoy deseando que experimentes estas sensaciones.

En la página siguiente encontrarás una ilustración sencilla que recoge las principales funciones, principios, sentimientos y comportamientos que están asociados a mejorar tu serotonina.

Resumen de la serotonina

Función →
- Estado de ánimo
- Energía

Principios →
- Entre el 90 y el 95 por ciento se crea en tu intestino
- Cuanto más feliz esté tu cuerpo, más feliz estará tu mente

Sentimientos asociados a niveles de serotonina bajos →
- Ansiedad
- Cansancio

Causas de niveles de serotonina bajos →
- Comida poco saludable
- Falta de sueño
- Falta de tiempo al aire libre
- Falta de luz solar

Sentimientos asociados a niveles de serotonina altos →
- Buen humor
- Energía

Aumentadores de la serotonina →
- Naturaleza
- Luz solar
- Salud intestinal
- Sueño profundo
- Subpensar

11

Redescubrir el mundo natural

SEROTONINA
NATURALEZA
SEROTONINA
NATURALEZA
SEROTONINA
NATURALEZA
SEROTONINA
NATURALEZA
SEROTONINA
NATURALEZA

En primer lugar, midamos tu conexión actual con la naturaleza.

En una escala del 1 al 10, puntúa cómo te sientes de conectado con el mundo natural.

1 → 10

1 = nada de conexión

10 = conexión total

Qué es
la NATURALEZA

La naturaleza ha sido el factor más importante para mí a la hora de alcanzar fortaleza tanto mental como física y, sin duda, me ha ayudado a progresar.

Sé que es mucho decir, pero ello tiene un motivo de peso. Para contextualizar las cosas, cuando era pequeño me gustaba pasar tiempo en parques y patios de juegos, jugar en el bosque y nadar en el mar. No obstante, cuando crecí y llegué a la adolescencia, pasar tiempo en la **naturaleza** pasó a ocupar un puesto muy bajo en mi lista de prioridades.

Todo cambió cuando estalló la COVID. En esa época, me fui a vivir con mi novia de entonces y sus padres. Vivíamos en un entorno más rural y natural. En ese tiempo, lo estaba pasando mal por mi adicción al móvil. Me despertaba y me ponía a escrolear, y no dejaba de consultar las notificaciones, ni siquiera cuando intentaba ser productivo trabajando. Hasta escroleaba por las tardes, cuando debería haber estado pasando tiempo de calidad con las personas con las que convivía.

Decidí ponerme a mí mismo el reto de dar un paseo de una hora todas las mañanas al despertarme, pasear por los campos de la zona sin llevar el móvil y, lo más importante, sin consultar las notificaciones antes de salir de casa. Esto suponía un gran reto para mí. Era un plan difícil. Lo era porque me asustaba tener que escuchar todos los pensamientos que se me pasaban por la cabeza sin tener distracciones y, además, porque temía aburrirme y quedarme sin estímulos. Me puse a pensar en cómo era un día normal para mí. Me despertaba, ponía música o encendía la televisión para tener ruido de fondo. Si salía a alguna parte, me ponía los auriculares para escuchar música o un pódcast. Si por las tardes estaba descansando me ponía a ver la televisión, y si intentaba quedarme dormido ponía algo de fondo. A mi mente no le gustaba la idea de escuchar únicamente mis pensamientos ni siquiera durante un rato y le parecía mucho más fácil vivir una vida llena de distracciones.

Al ponerme a mí mismo el reto de dar un paseo sin distracciones, no tardé en descubrir que estar en silencio en la naturaleza era algo que de verdad te cambia la vida. Esta es una de las principales razones por las que he escrito este libro y por las que tengo una empresa. Ahora estoy feliz y en calma con cómo va mi vida.

Te voy a enseñar a experimentar uno de estos paseos y te mostraré cómo, al integrarlos en tu rutina, tú también podrías transformar la manera en la que experimentas tu propia vida.

Me despierto; es una mañana fría y clara. Me esfuerzo en no mirar el móvil. Voy al baño, me lavo los dientes, me lavo la cara con agua fría, y después me preparo para salir a dar mi paseo. Salgo y empiezo a andar. Durante unos minutos pienso: «Guau, esto es precioso. La naturaleza mola un montón». No obstante, en mi mente enseguida surgen otros pensamientos, pensamientos sobre algunos problemas que tengo en la vida, ya sea en el trabajo, mis relaciones, mi salud, mis adicciones, mis éxitos: cualquier cosa negativa. Conforme voy pasando más tiempo en silencio, más pensamientos de este tipo van surgiendo que, normalmente, subrayan los aspectos de mi vida que no están yendo según lo planeado. Durante este paseo me doy cuenta de que nunca paso tiempo en silencio. Empecé a reflexionar sobre la importancia de desarrollar la habilidad de pasar tiempo en silencio a solas para tener una vida de calidad y ser feliz. Tengo que ser capaz de ser un buen amigo mío.

Fue entonces cuando empecé a desarrollar estrategias para tener la mente ocupada cuando, al estar en silencio, comienzan a surgir en mi mente pensamientos negativos. Fui más amable conmigo mismo y creé un estado mental más positivo. Cuando empecé a fijarme en las investigaciones dedicadas a analizar el efecto que tiene pasar tiempo al aire libre, me di cuenta de lo increíble que era estar realmente presente en espacios naturales. Me quedó claro que pasar tiempo en estos espacios naturales aumentaría mis niveles de serotonina.[14]

De esta manera comprendí que, si podía pasar más tiempo en dichos entornos, sobre todo, por las mañanas, estaría de mejor humor y tendría más energía para el día que tenía por delante.[15]

Desde entonces, descubrí que los beneficios de la naturaleza van más allá de aumentar los niveles de serotonina. Encontré un plan increíble conocido como la teoría de la restauración de la atención o ART.[16] La ART descubrió que pasar tiempo en ambientes naturales no solo aumenta nuestro bienestar, sino que también restablece la capacidad de concentración. Como sabemos por lo que hemos explicado en la primera parte, dedicada a la dopamina, muchos de nosotros tenemos problemas de concentración. Se han llevado a cabo más de treinta y un estudios de investigación sobre diferentes grupos de personas y todos ellos han revelado que caminar en entornos naturales restablece nuestra capacidad de concentración.[17] El mundo en el que vivimos hoy en día, tan basado en lo digital, exige una atención increíble, ya que constantemente tenemos que hacer grandes esfuerzos cognitivos. La fatiga mental es algo que experimentamos muchos de nosotros. No podemos despreciar los beneficios reconstituyentes que tiene el pasar tiempo en la naturaleza para el cerebro y el cuerpo.

Al tener claro que pasar tiempo en la naturaleza sería algo que me cambiaría la vida, después me enfrenté al reto de descubrir cómo podría incorporar este hábito en mi día a día. No solo quise trabajar en mi adicción al móvil y mi capacidad para pasar tiempo en silencio, sino que supe que la única forma en la que realmente podría experimentar estos beneficios restauradores era dedicar toda mi atención a sumergirme de verdad en el entorno que me rodeaba y no distraerme con música o un pódcast.

Cuando empecé a dar un paseo cada mañana, comencé a sopesar distintas ideas y a reflexionar sobre cómo podría incorporar diferentes aspectos del *efecto DOSE* en mi experiencia. Como ya he mencionado, en estos espacios libres de ruido es fácil que la mente divague y piense en tus retos o en las cosas de tu vida que no están yendo según lo planeado. Al llegar a este punto, fue cuando las herramientas de gratitud y logros de verdad empezaron a tener repercusión en mi vida por primera vez, ya que, en lugar de dejarme llevar por mis pensamientos mientras andaba, me enfoqué en ser agradecido y en mis logros. No tardé en comenzar a darme cuenta de que cada vez disfrutaba más de ese paseo, y que a cada día que transcurría también tenía una mentalidad más positiva y optimista cuando pensaba en mi vida. Cuando de verdad tuve un espacio mental más positivo, empecé a pensar en mi propósito en serio por primera vez al reflexionar verdaderamente sobre cómo quería que fuera mi futuro. Creo que hacer esto todos los días fue lo que consiguió que todo se hiciera realidad.

Al pasar tiempo al aire libre, también quise averiguar si podía conectar más con la naturaleza. He escuchado a personas decir que «adoran la naturaleza» y lo mucho que estaban en sintonía con ella. A decir verdad, esto siempre me ha generado confusión. Empecé a explorar y a centrarme en todos mis sentidos. Primero, intenté prestarle verdadera atención a lo que estaba mirando, observar intencionadamente la variedad de colores, plantas, árboles y los paisajes que había a mi alrededor. Después, sintonicé con los sonidos que podía escuchar. A continuación, me fijé en los olores. Respiraba profundamente y me centraba en todos los aromas naturales que me rodeaban.

Lista de comprobación de la naturaleza

1. VISTA
Cuenta cuántos colores puedes ver

2. SONIDO
Escucha con atención los sonidos que puedes escuchar a tu alrededor

3. OLFATO
Respira hondo conforme vayas andando y piensa en lo que hueles

Me di cuenta de que, en concreto, cuando andaba cerca de donde había coníferas, el olor hacía que me sintiera bien inmediatamente. Me fui a casa y busqué información al respecto, y descubrí que todas las plantas emiten sustancias químicas naturales llamadas «fitoncidas».[18] Estas sustancias tienen propiedades antibacterianas y antifúngicas que ayudan a que las plantas no enfermen. Al analizar qué sucede en nuestro cuerpo cuando respiramos estos fitoncidas, los investigadores averiguaron que hay un aumento considerable de lo que llaman «células asesinas naturales».[19] Las células asesinas naturales desempeñan un papel fundamental en nuestro sistema inmunitario.[20] Después de investigar más, supe que concretamente las coníferas emiten una cantidad bastante considerable de dichos fitoncidas,[21] y por eso hacen que me sienta tan bien.

Di con un concepto japonés fascinante llamado *shinrin-yoku*,[22] que podría traducirse como «baño de bosque». A principios de los años 2000, los japoneses se dieron cuenta de una alteración considerable en la salud mental de la gente y acuñaron el término *karoshi*.[23] Este término hace referencia a una persona que trabaja muchísimas horas y pasa demasiado tiempo en ambientes urbanos. Tras explorar varias soluciones, tuvieron en cuenta sus inmensos bosques. El doctor Qing Li, presidente de la Japanese Society of Forest Therapy, y sus compañeros empezaron a promover la idea de pasar tiempo en el bosque como tratamiento para varios problemas relacionados con la salud mental. Lo que descubrieron a raíz de sus investigaciones fue fascinante. ¡Los sujetos experimentaron beneficios considerables, ya que sus niveles de estrés, ansiedad, depresión, ira y calidad del sueño mejoraron![24] Durante el tiempo que pasaban en ambientes naturales, tan solo siguieron la lista de comprobación anterior y se sumergían tanto como podían en la experiencia que les brindaba el presente. Pasar tiempo en la naturaleza todos los días, alejado del móvil, sumergirme en patrones de pensamiento más positivos y conectar con el ambiente que me rodeaba ha cambiado mi vida por completo. Al volver a enamorarme de la naturaleza, me di cuenta de que también volví a enamorarme de mi propia y verdadera naturaleza. Nuestros instintos quieren que seamos amables, que conectemos con los demás, nos alimentemos con comida nutritiva, nos movamos con frecuencia, durmamos profundamente y que pasemos mucho tiempo en exteriores. Tuve la sensación de que cuanto más tiempo pasaba en la naturaleza, más «natural» quería ser. Creo que tú también experimentarás exactamente la misma transformación.

Estrategia

Al reflexionar sobre cómo podrías aumentar tu serotonina, piensa en dos aspectos:

- **EMPIEZA A PASAR TIEMPO EN LA NATURALEZA A SOLAS.** Utiliza este tiempo para conectar profundamente con el ambiente que te rodea. Sintoniza con tus sentidos; fíjate en lo que estás mirando, oliendo y viendo. Quizá no te haga sentir mejor inmediatamente, y tengas que dedicarle tiempo a construir una relación con el exterior. A medida que esta relación se consolide, más valor aportará a tu vida la naturaleza.
- **LA NATURALEZA DEBERÍA CONVERTIRSE EN UNA PARTE ESENCIAL DE TU VIDA SOCIAL.** Ve a dar paseos con tus amigos y tu familia. Esto es ineludible. Aprender a socializar al aire libre es una forma mágica para que tú y tus seres queridos podáis profundizar en vuestra conexión con la naturaleza y entre vosotros mismos.

Cuando salgas, recuerda centrarte en poner en práctica tus nuevos hábitos de gratitud, logros y tu búsqueda de propósito.

Reto

A continuación, me gustaría que llevaras a cabo el reto de la naturaleza. Para hacer este reto, tienes que dar tres paseos sin usar auriculares a lo largo de la semana.

12

Aprovechar el poder del sol

SEROTONINA
LUZ SOLAR
SEROTONINA
LUZ SOLAR
SEROTONINA
LUZ SOLAR
SEROTONINA
LUZ SOLAR
SEROTONINA
LUZ SOLAR

En una escala del 1 al 10, valoremos cuánto tiempo pasas en exteriores.

Primero, puntúa cuánta luz solar recibes.

1 → 10

1 = nada

10 = muchísima

Qué es
la LUZ SOLAR

Un factor que contribuye enormemente a aumentar la serotonina es la luz solar que recibimos.[25] Antes de que existieran los despertadores, la luz del sol nos despertaba por las mañanas, el sol del mediodía nos cargaba de energía, y la luz cálida de la tarde nos ayudaba a dormir. En el pasado tuvimos una relación muy estrecha con la salida y la puesta del sol diaria, y hoy en día seguimos necesitándola.

Seguro que estás de acuerdo en que cuando hace sol te sientes un poco más positivo y con más energía. Esto no es casualidad; exponerse al sol con frecuencia es absolutamente fundamental para muchos aspectos relacionados con la salud. Entre ellos, la calidad del sueño, la fortaleza del sistema inmunitario y la producción de serotonina, lo cual se traduce en más energía y un estado de ánimo más positivo.[26]

A lo largo de este capítulo, vamos a evaluar cuánto tiempo pasas al aire libre expuesto a luz del sol. Llegados a este punto, debo señalar que, cada vez que completes los retos de la naturaleza de nuestro capítulo anterior, también estarás alcanzando los objetivos de la **luz solar**. Sin embargo, hay un motivo fundamental por el que tratamos la naturaleza y la luz solar en capítulos diferentes. Puede haber ciertos días en los que el tiempo no te permita dar un agradable paseo por la naturaleza. Pero la luz solar no es negociable. Ya sea sentándose unos minutos en el patio (¡incluso en invierno!) o tomándose el café de por la mañana al aire libre, hay que asegurarse de recibir con cierta asiduidad la luz del sol. Y no hace falta que haga buen tiempo para experimentar el ansiado aumento de serotonina. Obviamente, cuando haga sol el aumento de la serotonina será mayor, pero es en los días nublados cuando es aún más importante dar prioridad a salir al aire libre. Esto se debe a que en los meses más oscuros del invierno todos podemos sufrir trastorno afectivo estacional (TAE),[27] debido a que la cantidad de luz solar que recibimos cada día se reduce muchísimo. Un estudio reveló que los niveles de serotonina son más bajos en invierno, por lo que, tanto si hace sol como si está nublado, el tiempo que pasamos al aire libre es crucial para tener una mente sana y feliz.[28]

Los ritmos circadianos

Lo primero que debemos aprender a comprender son nuestros ritmos circadianos. Esto hace referencia a los cambios físicos, mentales y de comportamiento que se producen durante un periodo de veinticuatro horas[29] como resultado de los cambios de luz a lo largo del día.[30] Los ritmos circadianos influyen en determinadas funciones del cerebro y el cuerpo, como el estado de alerta, el cansancio, el apetito y la temperatura corporal.[31]

Piensa en tus ritmos circadianos como el reloj interno de tu cuerpo que siempre está funcionando en segundo plano con la intención de optimizar tus niveles de energía y tu estado de ánimo. Quieres estar muy alerta y despierto durante las horas diurnas y profundamente dormido durante las horas nocturnas para recargar energías. Para nuestros antepasados era muy fácil tener unos ritmos circadianos sanos y naturales. Se despertaban al amanecer y se dormían después de la puesta de sol. En cambio, para nosotros las cosas son diferentes debido a la abundancia de luz artificial. Ya no estamos obligados a alinearnos con las leyes de la naturaleza. Esto deriva en una gran variedad de desafíos para nuestra salud; en concreto, la falta de luz solar natural a primera hora de la mañana y ver demasiada luz artificial a última hora de la tarde.

En un metaanálisis (un estudio de muchos otros estudios), más de 85 000 trabajos de investigación han llegado a la conclusión de que «evitar la luz por la noche y buscar la luz durante el día es un método sencillo y eficaz para mejorar la salud mental».[32] A continuación, vamos a calcular con precisión la cantidad de luz solar que necesitas a diario y los pasos necesarios para conseguirla.

PASO 1:
LUZ SOLAR POR LA MAÑANA

La luz solar matutina, clara y brillante, no solo activa la serotonina, sino que también provoca un aumento natural y saludable del cortisol y la dopamina.[33] Esta luz solar es esencial para empezar el día con energía, positividad y motivación. Y, lo que es más importante, no es necesario que haga sol para experimentar este aumento.

Necesitarás:

 DÍAS SOLEADOS: 5-10 minutos
DÍAS NUBOSOS: 10-15 minutos
DÍAS OSCUROS Y NUBLADOS: Hasta 30 minutos

Si hace sol, ponte las gafas de sol cuando hayan pasado diez minutos (tu cerebro necesita registrar la luz del día sin filtrar). Cuando estés al aire libre, asegúrate de pasar tiempo mirando al sol. Obviamente, y esto es muy importante, no mires directamente al sol de tal forma que sea doloroso o te dañe los ojos. Tu objetivo tan solo es mirar al sol de una forma que te resulte cómoda y segura. Piensa en el sol como en un cargador inalámbrico: el sol tiene la capacidad de darte energía para el día que tienes por delante.

Durante los meses de invierno, o si tu trabajo te obliga a despertarte cuando todavía no hay luz, te sugiero que enciendas inmediatamente varias luces al abrir los ojos. Esto te ayudará a iniciar este proceso. Después, en cuanto se presente la oportunidad, pasa entre diez y quince minutos al aire libre.

PASO 2:
LUZ SOLAR A LA HORA DE COMER

La pausa para comer es otra gran oportunidad para recibir luz natural en los ojos y en la piel, teniendo cuidado para no quemarnos la piel. Es muy fácil pasar casi todo el día dentro de casa. Muchos de nosotros padecemos bajones vespertinos, y la luz solar del mediodía es la solución perfecta para ello. Durante la pausa para comer, pasa entre quince y veinte minutos al aire libre, a solas o con un amigo para recargar el cerebro y el cuerpo y evitar el bajón de media tarde.

PASO 3:
EL ATARDECER

Por la tarde, la luz cálida es increíble para relajarse y nos facilitará tener un sueño de calidad.[34] El cerebro está diseñado para asociar esta luz cálida del atardecer con una sensación de calma y un sueño profundo. La melatonina es otra sustancia química importante del cerebro. La melatonina es la responsable de crear la sensación de sueño y, al final, de que nos durmamos por la noche.[35] Curiosamente, la serotonina es el precursor de la melatonina, lo que significa que la serotonina contribuye a la producción de esta sustancia química.[36] Teniendo esto en cuenta, cuanta más serotonina puedas producir a lo largo del día, y sobre todo al atardecer al observar la puesta de sol, más rápido y más profundamente dormirás por la noche.[37]

Estrategia

La estrategia consiste en empezar a ver la luz del sol en tres momentos clave del día. Por la mañana a primera hora, a la hora de comer y por la tarde. La cantidad mínima de luz solar que necesitas al día es de sesenta minutos.

En los meses de invierno, esto cada vez es más difícil, ya que las horas de luz pueden ser pocas. Esto supone una serie de dificultades para nuestro cerebro. Durante los meses de invierno, procura ver la luz del sol durante las pausas del trabajo a media mañana, a la hora de comer o a media tarde.

No te olvides de llevar siempre guantes, una chaqueta y un gorro para que el frío no sea una excusa para quedarte en casa. Además, sabemos que, de todas formas, el frío es bueno para la dopamina, ¡así que sal a la calle, haga el tiempo que haga!

Reto

A continuación, me gustaría que llevaras a cabo el reto de la luz solar. Para completar este reto, céntrate en la luz solar matutina. Asegúrate de que todos los días de la próxima semana sales después de despertarte y te expones a la luz del sol por la mañana. ¡Recuerda observar tu estado de ánimo y tus niveles de energía mientras te embarcas en este reto!

13

¡La buena salud se crea en el intestino!

SEROTONINA
SALUD INTESTINAL
SEROTONINA
SALUD INTESTINAL
SEROTONINA
SALUD INTESTINAL
SEROTONINA
SALUD INTESTINAL
SEROTONINA
SALUD INTESTINAL

En primer lugar, califica lo saludable que crees que es tu alimentación.

En una escala del 1 al 10, valora lo saludable que es la comida que comes.

1 = muy poco saludable

10 = muy saludable

Qué es la SALUD INTESTINAL

El campo de la nutrición abarca muchas cosas, y suscita una gran variedad de opiniones, tanto desde el punto de vista ético como científico. Tanto si sigues una dieta más «tradicional», a base de carne, pescado, verduras y fruta, como si eres vegetariano o vegano, los elementos clave de la siguiente guía serán los mismos.

En primer lugar, hoy en día sabemos que necesitamos una buena **salud intestinal**, ya que hasta el 95 por ciento de la serotonina se genera en el intestino[38] y los alimentos que ingerimos influyen directamente en nuestro estado de ánimo.[39] En la actualidad, nos enfrentamos a muchos problemas relacionados con lo que comemos. Miremos donde miremos, hay alimentos deliciosos y muy calóricos. Ya estemos en un supermercado, paseando por la calle, repostando en la gasolinera o comiendo en un restaurante, por todas partes hay comida tentadora. Cada vez nos alejamos más de los alimentos naturales que han estado a nuestra disposición durante cientos de miles de años y nos acercamos más a una forma de comer altamente procesada y antinatural. Se ha demostrado que estos «alimentos ultraprocesados» tienen un impacto negativo extremo en nuestro cerebro y nuestro cuerpo.[40]

¿Cómo sabemos qué es bueno COMER y qué deberíamos evitar?

Esto es fácil: queremos que en nuestro intestino entren alimentos altamente nutritivos para crear serotonina, optimizar nuestros niveles de energía y mejorar nuestro estado de ánimo a diario.[41] Eso no significa que no puedas comer mal de vez en cuando. La vida no consiste en ser siempre perfecto. Se trata de encontrar un camino constante y fácil de seguir hacia la salud intestinal y que te sea fácil mantenerlo durante años y años. Teniendo esto en cuenta, he dividido una serie de estrategias nutricionales transformadoras en seis acciones clave. ¿Cómo podrías implementar algunos de estos hábitos en tu día a día?

PASO 1:
COME HASTA ESTAR SACIADO AL 80 POR CIENTO

Primero, hablemos de la cantidad que comes. La comida, sobre todo la menos saludable y más procesada, puede estar tan increíblemente deliciosa que es muy difícil evitar comer porciones enormes y, además, muy rápido.

Resulta interesante observar las cinco regiones del mundo que albergan el mayor número de centenarios (personas que alcanzan los cien años). Estos lugares se conocen como «las zonas azules».[42] Podemos estudiar tanto sus dietas como sus estilos de vida para saber a qué se debe esto. Las cinco regiones son: Icaria en Grecia, Okinawa en Japón, Loma Linda en California, Nicoya en Costa Rica, y Nuoro en Cerdeña (Italia). Un hábito alimentario que comparten las personas de todos estos lugares es el concepto de comer hasta estar «saciados al 80 por ciento». Muchos de nosotros somos partidarios de comer hasta estar llenos más o menos al 150 por ciento, y comemos por encima de nuestra capacidad máxima. Esto deriva en una serie de problemas para nuestro cuerpo. Incluso si comes alimentos sanos y nutritivos, comer en exceso hace que te sientas cansadísimo. Si tienes problemas de falta de energía, sin duda, tienes que seguir la regla del 80 por ciento. Si consumes una gran cantidad de comida, tu cuerpo tendrá que dedicar un montón de energía a digerirla. Este esfuerzo hará que experimentes una falta de energía considerable.

RETO: Reduce la velocidad a la que comes y la cantidad de comida que tienes en el plato. Entre bocado y bocado, asegúrate de masticar bien (esto también es genial para desarrollar los músculos faciales)[43] y haz una pequeña pausa para respirar entre bocado y bocado.

PASO 2:
COME FRUTA COMO TENTEMPIÉ

Cuántas veces has oído a alguien decir: «Tengo antojo de azúcar» o «Estoy teniendo antojos de azúcar». Es muy importante entender que esto no es nada raro. Hemos tenido antojos de «azúcar» desde el principio de nuestra evolución. El azúcar es una fuente fantástica para que nuestro cuerpo libere energía rápido. Hoy en día, las dificultades surgen porque tenemos acceso a muchos alimentos azucarados procesados mientras que para nuestros antepasados el azúcar procedía de la fruta.

El efecto que tiene la fruta en el sistema de la serotonina es maravilloso. Puede ser uno de los efectos positivos que más rápido actúan sobre la serotonina.[44] La fruta aporta una cantidad increíble de nutrientes vitales a nuestro cerebro y organismo, lo que se traduce en mejoras significativas en nuestra energía y estado de ánimo.[45] Hay una serie de alimentos, entre los cuales se encuentra la fruta, que incluyen un aminoácido esencial conocido como triptófano,[46] el cual constituye un elemento clave para la producción de serotonina.[47]

RETO: Si tienes problemas con los antojos de azúcar y con picar en tre horas, la fruta es la solución para ti. La próxima vez que vayas al supermercado, quiero que compres distintos tipos de fruta (plátanos, arándanos, frambuesas, mango...). Lo que más te guste. Esta semana, cuando se te antoje comida poco saludable en algún momento, primero come fruta. Así saciarás tus antojos de azúcar y estos desaparecerán. Con ello, no solo estarás reduciendo la cantidad de azúcar procesado que ingerirías al comer patatas fritas, chocolate, dulces o galletas, sino que también estarás aportándole nutrientes increíbles a tu intestino, y mejorarás tu estado de ánimo y tu energía.[48]

Consejo: Añade una fuente de grasa a la fruta, como, por ejemplo, yogur natural de buena calidad o frutos secos. Esta fuente de grasa, junto con el azúcar de la fruta, equilibrará el nivel de glucosa (azúcar) en la sangre, y tendrás más energía.[49]

PASO 3:
AUMENTA LA INGESTA DE PROTEÍNAS

Las proteínas son uno de los elementos más importantes de la alimentación. La palabra «proteína» viene del griego *prōteíos*, que significa 'preeminente, de primera calidad',[50] y las proteínas siempre han sido el principal alimento que hemos buscado y cazado. Las proteínas son necesarias para producir y mantener los músculos del cuerpo e influyen en la saciedad (esto es, en lo llenos que nos sentimos), por lo que nos ayudarán considerablemente con el primer paso: comer hasta que estemos saciados en un 80 por ciento.

Ahora tómate un momento para pensar en dos situaciones. En una situación, te doy un plato de comida muy cargada de carbohidratos (cosas como pasta, pan, patatas fritas o patatas de bolsa). Si te dijera que comieras todo lo que pudieras de estos alimentos, lo más probable es que te dieras cuenta de que puedes comer mucho. En vez de eso, ahora te doy un plato de comida en el que predominan las proteínas, como pechuga de pollo, salmón, un filete de ternera, huevos o tofu. En esta segunda situación, si te pidiera que comieras todo lo que pudieras, lo más probable es que te dieras cuenta de que te llenas mucho más rápido. Esto se debe a que las proteínas y los aminoácidos clave que contienen sacian el cuerpo de una forma mucho más eficaz.

Teniendo esto en cuenta, si eres una persona a la que le cuesta controlar las porciones y tienes hambre a todas horas, una solución fantástica es aumentar de forma significativa la ingesta de proteínas en tu dieta. Si te preguntas cuál es la cantidad saludable de proteínas que deberías consumir, la respuesta es un gramo de proteína por cada kilo que peses.[51] Por ejemplo, si pesas 68 kilos, deberías consumir 68 gramos de proteínas al día. Quizá descubras que para llegar a esto necesitas consumir muchas más proteínas de las que consumes actualmente.

Entre las fuentes recomendadas para obtener PROTEÍNAS están:

CARNE	PESCADO	LÁCTEOS	VERDURAS
Pollo Carne de vaca alimentada con pasto Pavo	Salmón Trucha Bacalao	Huevos Yogur	Tofu Seitán Judías y legumbres

RETO: A lo largo de la semana que viene, las comidas deben incluir muchas más proteínas. Plantéate la posibilidad de que las proteínas sean el principal alimento del plato, en lugar de hidratos de carbono como la pasta. Ve al siguiente paso para saber cómo hacer que las verduras sean tu fuente de carbohidratos.

PASO 4:
DA PRIORIDAD A LAS VERDURAS COMO FUENTE DE CARBOHIDRATOS

Un desafío añadido que plantea nuestra dieta actual y que afecta tanto a la gestión del peso como a nuestros niveles de energía es el consumo excesivo de hidratos de carbono. Quiero dejar muy claro que no estoy demonizándolos. Creo que una combinación equilibrada de proteínas, hidratos de carbono y grasas es la forma más sana y viable de alimentarse. Sin embargo, hay ciertos hidratos de carbono que provocan picos significativos en nuestros niveles de azúcar y reducen nuestros niveles de energía y hacen que decaiga nuestro estado de ánimo.

Los hidratos de carbono que provocan estos picos y bajones de energía son el pan blanco, la pasta, los cereales, las patatas fritas y las patatas de bolsa. Se les conoce como «hidratos de carbono simples». Estos alimentos contienen niveles bajos de fibra, lo que implica que no hay nada que ralentice su absorción en el cuerpo, y tienen grandes cantidades de almidón, por lo que el cuerpo los convierte rápidamente en azúcar. El consumo excesivo de estos hidratos de carbono dificultará tu capacidad para mantener un peso corporal saludable y tener niveles de energía altos y constantes.[52]

Los hidratos de carbono son una fuente de energía fundamental para el cuerpo, y por eso son necesarios en nuestra dieta. Ahora que consumes fruta como tentempié y añades yogur y frutos secos, ya estás disfrutando de una buena cantidad de hidratos de carbono. Además, una forma fantástica de quedarte satisfecho después de comer es hacer que las verduras sean la fuente principal de hidratos de carbono. Verduras como los calabacines, las berenjenas, las zanahorias, el brócoli y los pimientos están consideradas como «carbohidratos complejos». Esto significa que contienen un nivel de fibra elevado y que el organismo absorbe poco a poco los nutrientes, y así nos proporcionan una energía mucho más constante. También incluyen una increíble variedad de vitaminas y minerales, los cuales nutren el cuerpo y mejoran la salud intestinal.

Las legumbres (lentejas, guisantes y alubias) son otra opción excelente para sustituir los hidratos de carbono simples. Se trata de otro grupo de alimentos que suele consumirse en las zonas azules (véase la página 192). Tienen mucha fibra y liberan energía de forma lenta y constante en el organismo. Si sigues una dieta en la que predominen las verduras, las legumbres también son muy importantes para asegurarte de que tu organismo consuma una cantidad saludable de proteínas diarias.[53]

 RETO: A lo largo de la semana que viene, prueba a incluir proteínas en tus platos, además de verduras como principal fuente de hidratos de carbono. Las comidas te saciarán más y te aportarán muchos más nutrientes.

PASO 5:
ELIMINA LOS ALIMENTOS ULTRAPROCESADOS

Los alimentos ultraprocesados, o UPF, por sus siglas en inglés, se elaboran industrialmente y están diseñados para ser muy muy adictivos.[54] Algunos ejemplos de UPF son las patatas fritas, los cereales, la comida rápida, el chocolate, los dulces, la bollería, los dónuts y la carne procesada, como el jamón, el beicon, los perritos calientes y los embutidos.[55] Numerosos estudios han demostrado que estos alimentos tienen un impacto muy negativo en la salud intestinal (y, por ende, en la producción de serotonina), lo cual acarrea consecuencias importantes para la salud mental y física.[56]

Una forma sencilla de comprobar si un producto es un UPF es mirar la lista de ingredientes de la parte posterior del envase. Si hay una lista enorme de ingredientes y la mayoría son palabras que no conoces, es mejor que evites ese producto. Estos ingredientes han sido cuidadosamente diseñados por los científicos para crear adicción a los alimentos. Para tener un intestino sano, debes consumir alimentos lo más naturales posible. Lo ideal es comprar productos que contengan un solo ingrediente: una pieza de fruta, una verdura, un huevo o un filete de pescado. Así es como la naturaleza concibió nuestra dieta. Es lo que se conoce como «alimentos naturales».

Ahora bien, tengo claro que está bien darse un capricho de vez en cuando con comida «poco sana». A mí también me gusta. Pero es importante tomar decisiones estratégicas y meditadas. Por ejemplo, fijémonos en el caso de una tableta de chocolate. El típico chocolate con leche contiene ingredientes que lo hacen muy apetitoso. Sin embargo, si eliges una tableta con más de un 70 por ciento de cacao puro, esta contendrá muchos menos ingredientes, tendrá menos azúcar y afectará mucho menos a tu intestino y a tu cerebro. Se trata de tomar decisiones más inteligentes cuando quieras darte un capricho.

Una regla dietética muy sencilla que puedes seguir es la regla del 80/20. Consiste en asegurarse de que el 80 por ciento de los alimentos que ingerimos sean sanos, naturales y nutritivos. El 20 por ciento puede reservarse para caprichos, como un poco de chocolate de vez en cuando, un helado o unas patatas fritas. Obviamente, sería increíble que pudieras comer de forma saludable en el 100 por cien de las ocasiones; si puedes, hazlo, por favor. Pero si quieres llevar un estilo de vida más sostenible y saludable, o estás empezando a hacer cambios, pon en práctica la regla del 80/20.

 RETO: La próxima vez que estés en el supermercado, utiliza una bolsa para dividir el carrito en dos secciones. Mantén el 80 por ciento de la zona del carrito que está más cerca de ti lleno de alimentos naturales. Permítete algunos caprichos y ponlos en el 20 por ciento que ocupa el final del carrito. De esta manera, empezarás a llegar a casa con mucha más comida sana que insana y, a la larga, tu dieta mejorará. En momentos de cansancio, tristeza o aburrimiento, nuestra fuerza de voluntad suele decaer, y evitar los UPF se hace más difícil. Cuantos menos ultraprocesados haya en tu casa en esos momentos, mejor.

PASO 6:
PRUEBA CON EL AYUNO INTERMITENTE

El ayuno intermitente es un fenómeno que ha causado sensación en todo el mundo. El ayuno intermitente consiste en acortar el periodo de tiempo en el que comemos a diario. Por ejemplo, si ahora mismo sueles desayunar a las ocho de la mañana y cenar a las ocho de la tarde, tu horquilla de alimentación es de doce horas. Pero, si desplazas tu primera comida a una hora más tardía del día, como las once de la mañana o las doce del mediodía, tu horquilla de alimentación se reducirá a ocho o nueve horas.

Nota: A lo largo de este periodo de ayuno, es importante que te hidrates bebiendo agua.

Las personas que se alimentan de esta forma suelen obtener beneficios considerables. Entre ellos, mejoras en sus niveles de motivación y capacidad de concentración cuando trabajan, así como niveles de energía más constantes; asimismo, les resulta más fácil mantener su peso.[57] Además, varios estudios de investigación han empezado a demostrar cuánto puede influir tener este método a la hora de ralentizar la velocidad a la que envejece nuestro cuerpo.[58]

Nota importante: *El ayuno intermitente no es algo que tengas que hacer para estar sano. Si no te parece atractivo, o si lo pruebas y no te sienta bien, sigue con tus horarios actuales. Lo más importante de tu nutrición es lo que comes; no cuándo lo comes.*

Yo antes era una persona que se levantaba por las mañanas y desayunaba muy rápido. Cuando empecé a investigar sobre el ayuno intermitente, pensé: «Ni hablar, estaré tan cansado que no podré trabajar». Sin embargo, le di una oportunidad y fue increíble lo rápido que mi cuerpo se adaptó y empecé a progresar simplemente retrasando mi primera comida.

Sé que probablemente tengas en mente una frase que se ha repetido hasta la saciedad: «El desayuno es la comida más importante del día». No obstante, es interesante tener en cuenta que esa frase, en realidad, fue parte de una ingeniosa campaña de *marketing* de principios del siglo XX promovida por Kellogg's para así promocionar el consumo de sus cereales.[59] Por lo que hemos aprendido sobre los alimentos ultraprocesados, sabemos que lo cierto es que los cereales no son algo que nos convenga consumir a diario. Por ello, confiar en este concepto popularizado no es el mejor plan.

> **RETO:** Para aquellos que queráis experimentar con el ayuno intermitente, empezad retrasando la primera comida un par de horas (tienen que ser al menos dos horas para que experimentéis algún cambio) y simplemente observad cómo os sentís.
>
> Con independencia del momento en que vayas a desayunar, lo ideal es que sea un desayuno muy nutritivo que incluya una buena fuente de proteínas, grasas e hidratos de carbono complejos. En la siguiente sección (véase la página 199), te explicaré también qué líquidos es bueno beber a lo largo de la mañana y antes de empezar a comer.

El ayuno intermitente puede influir en el ciclo hormonal de las mujeres. En el famoso libro de la doctora Mindy Pelz Ayunar para sanar, *la autora recomienda que las mujeres eviten cualquier tipo de ayuno desde el día 20 de su ciclo hasta el inicio de la menstruación.[60] Si experimentas alteraciones negativas en tu ciclo, evita el ayuno por completo.*

Si tienes antecedentes de trastornos alimentarios, por favor, evita el ayuno intermitente.

Si tienes algún problema de salud subyacente, consulta siempre a tu médico antes de realizar cualquier cambio importante en tu estilo de vida.

Las mejores bebidas que puedes consumir

Ahora ya tenemos una idea clara de la importancia de consumir una gama de alimentos naturales y nutritivos para mejorar la salud del intestino y el cerebro. A continuación, analizaremos las bebidas que ingerimos. He dividido esta explicación en cuatro categorías clave para que experimentes con ellas.

1. AGUA

El nivel de hidratación del cuerpo es esencial para los niveles de serotonina y, por lo tanto, para el estado de ánimo y la energía,[61] la capacidad de atención, el rendimiento físico y el metabolismo.[62] Es muy importante beber un vaso de agua pequeño, de unos 200 mililitros, por ejemplo, cada media hora.[63]

Además de lo anterior, en las zonas azules es muy común el consumo de infusiones. Las infusiones tienen múltiples beneficios, como la desintoxicación (limpieza) de la sangre y el aumento de los niveles de serotonina.[64] Tomar una taza de infusión, como, por ejemplo, de menta, jazmín, limón y jengibre o manzanilla, con el estómago vacío a primera hora de la mañana, es una forma muy saludable de empezar el día.

2. CAFÉ

La cafeína es una sustancia poderosa que puede tener efectos positivos en el cerebro, pero también puede generarnos una serie de problemas. Si ahora mismo no tomas cafeína y tus niveles de energía están bien, deberías evitar consumirla. Si sufres ansiedad o estrés, es mejor que evites por completo la cafeína. Para los que, como yo, bebéis cafeína, hay una serie de reglas que hay que tener en cuenta.

En concreto, nos centraremos en el café. Recomiendo evitar las bebidas energéticas, ya que contienen una enorme variedad de productos químicos procesados no naturales, además de cafeína. En cuanto al té, es cierto que contiene cafeína, pero en una cantidad menos concentrada, por lo que el café es lo que realmente queremos analizar. Pensemos en el momento de tomar la primera taza de café. En este caso, nuestro objetivo es retrasar esa primera taza. Esta es una de las estrategias DOSE acerca de las que muchas personas han dicho que ha tenido el mayor impacto en su vida. Muchos de nosotros nos tomamos un café en los primeros treinta minutos tras despertarnos. Esto provoca una serie de problemas para el cerebro y el ciclo energético del cuerpo. Por la mañana, cuando te despiertas (sobre todo si te expones a la luz natural), tu cuerpo experimenta un aumento natural de la hormona del cortisol. Esto pone en marcha tu sistema energético para el resto del día. Si durante este periodo consumimos cafeína, este aumento natural de cortisol se interrumpe y el cuerpo utiliza la cafeína como fuente de energía. Esta es una de las causas principales por las que por la tarde tenemos menos energía.[65]

En cambio, deberías tomarte el café al menos noventa minutos después de despertarte, y preferiblemente unas dos horas después. Esto te proporcionará una curva de energía mucho más natural. Yo me tomo el café a las diez de la mañana y justo después me embarco en una actividad estimulante en estado de flujo (véase la página 43), ya que la cafeína también produce un aumento de dopamina, que mejora la concentración y la productividad.[66]

3. PROBIÓTICOS

Otra forma fantástica de mejorar tu salud intestinal y la producción diaria de serotonina es a base de probióticos.[67] El intestino está lleno de bacterias que llegan a través de los diversos alimentos y bebidas que consumimos. En los últimos años, hemos descubierto una serie de bacterias que son particularmente buenas para promover la salud intestinal; entre ellas, una llamada *Lactobacillus*. Un estudio demostró que los productos probióticos pueden tener efectos muy positivos en la salud intestinal y cerebral.[68]

Un intestino sano contribuye a producir más serotonina natural y, por tanto, a tener un cerebro más feliz. Los probióticos aportarán beneficios notables a tu estado de ánimo, energía y sistema inmunitario.[69]

Los probióticos no son un sustituto de la medicación. Si te estás medicando para mejorar tu salud mental y te está funcionando, es genial, y la clave está en seguir las indicaciones de tu psiquiatra o médico de cabecera. En estos casos, los probióticos pueden ser una ayuda adicional para la mente y el cuerpo.

Hay una gran variedad de bebidas probióticas. Una opción muy extendida es la kombucha, una bebida derivada del té verde fermentado que sabe muy bien y aporta increíbles beneficios para la salud intestinal. Asegúrate de evitar las que tengan mucho azúcar. La segunda es el kéfir, un yogur fermentado que se puede beber. Además de las bebidas, las verduras fermentadas, como el chucrut o el kimchi, proporcionan una forma adicional de incorporar estos probióticos a la dieta diaria.

4. SIN ALCOHOL

El alcohol se ha convertido en algo muy ligado a muchas de nuestras actividades cotidianas y experiencias sociales, pero supone un gran desafío para nuestro cerebro y nuestro cuerpo. No solo provoca picos y caídas de la dopamina, lo que causa baja motivación y síntomas depresivos,[70] sino que también reduce de forma significativa los niveles de serotonina, pues es increíblemente perjudicial para el intestino.[71] Esto deriva en un estado de ánimo bajo, ansiedad y agotamiento.[72] Creo que nuestra sociedad saldría mucho mejor parada si no existiera el alcohol, pero la realidad es que existe, así que es importante encontrar la forma de relacionarte con él que mejor se adapte a ti. A algunas personas el alcohol les proporciona demasiado placer, y una copa siempre lleva a cuatro o cinco, con los consiguientes problemas de salud mental y física. Para otras, tomar solo una copa de vino o una cerveza es suficiente. La clave está en que el cerebro y el cuerpo van a sufrir mucho si te tomas más de una o dos copas en una misma noche.

 RETO: Comprueba el impacto que tiene el alcohol en tu salud mental al pasar unas semanas sin beber alcohol. Márcate un objetivo de catorce días, cómprate bebidas sin alcohol y un poco de kombucha, y tan solo observa cómo te sientes. Me pareció increíble lo diferentes que noté a mi cerebro y a mi cuerpo al no consumir alcohol. Ahora, siendo consciente de esto, ya no tomo varias copas y puedo disfrutar bebiendo de vez en cuando. Merece la pena crear una relación sana con el alcohol, ya que ello tendrá una influencia significativa en tu vida.

Estrategia

A lo largo de este capítulo, has aprendido una gran variedad de estrategias que te llevarán a tener un intestino más sano, un intestino que produzca más serotonina y te proporcione un buen nivel de energía equilibrada y positividad en tu mente a lo largo del día.

Ahora quiero que dediques un momento a pensar cuáles de las siguientes estrategias, tanto para la comida como para la bebida, crees que puedes poner en práctica durante la próxima semana.

Elige una estrategia relacionada con la comida para ponerla en práctica:

1. Comer hasta estar saciado al 80 por ciento
2. Comer fruta como tentempié
3. Aumentar el consumo de proteínas
4. Priorizar las verduras como fuente de hidratos de carbono
5. Eliminar los alimentos ultraprocesados
6. Experimentar con el ayuno intermitente

Elige una estrategia relacionada con la bebida para ponerla en práctica:

1. Beber agua o infusiones cada media hora
2. Pensar cuidadosamente cuándo tomar el café
3. Probar los probióticos
4. No beber alcohol

Reto

A continuación, me gustaría que llevaras a cabo el **reto de la salud intestinal**. Para hacerlo, te recomiendo encarecidamente que aumentes la cantidad de proteínas presentes en tu dieta, además de comer fruta como tentempié. Como verás, hay varias estrategias enumeradas en la página anterior. Siéntete libre de elegir el reto que te parezca más útil para ti.

14

Ralentiza tu cuerpo, ralentiza tus pensamientos

SEROTONINA
SUBPENSAR
SEROTONINA
SUBPENSAR
SEROTONINA
SUBPENSAR
SEROTONINA
SUBPENSAR
SEROTONINA
SUBPENSAR

En primer lugar, valoremos en qué medida tienes problemas por sobrepensar.

En una escala del 1 al 10, puntúa la frecuencia con la que sobrepiensas.

1 = nunca

10 = todo el tiempo

Qué es
SUBPENSAR

Este es un capítulo que me ha hecho mucha ilusión escribir. Es un tema que creo que merece atención y comprensión. Aquí vamos a explorar tu forma de pensar y, en concreto, la experiencia bastante desafiante que supone «sobrepensar».

«Sobrepensar» puede definirse como tener pensamientos repetitivos y preocupantes acerca de los retos o principales miedos que tienes en la vida. A lo largo de mi carrera profesional de psicólogo, este es un problema que surge una y otra vez, ya sea cuando imparto formaciones o con las redes sociales. Muchos de nosotros nos quedamos atascados en nuestros pensamientos, estamos siempre preocupados y a veces incluso entramos en espirales negativas y sentimos pánico. La espiral negativa se refiere a la experiencia de pensar rápidamente en el «peor escenario posible», cuando los pensamientos se dirigen hacia los resultados más negativos. El pánico o los ataques de pánico también pueden ser una consecuencia de lo anterior.

Nuestra misión en este capítulo está clara: averiguar qué hace que nuestro cerebro y nuestro cuerpo se comporten así y, lo que es más importante, aprender a calmarlos utilizando lo que yo llamo «subpensar». Mientras nos sumergimos en el aprendizaje que nos ayudará a lograrlo, debemos volver a prestar atención al nervio vago (véase la página 166). El nervio vago es un mecanismo muy sofisticado que conecta tu cerebro y tu cuerpo, y desempeña un papel clave en el funcionamiento del sistema nervioso. Tu sistema nervioso tiene la capacidad de darte energía de forma rápida y aumentar tu estado de alerta, así como de calmar y ralentizar el ritmo de la mente y el cuerpo. La parte que aumenta el estado de alerta se conoce como sistema nervioso simpático. La parte que lo relaja se conoce como sistema nervioso parasimpático.[73] El nervio vago desempeña un papel fundamental en el funcionamiento de este sistema a través de un gran número de nervios eléctricos situados en zonas clave del cuerpo como la garganta, los pulmones, el estómago y los intestinos.[74] El nervio vago lee y evalúa constantemente el grado de calma o alerta del cuerpo y transmite esta información al cerebro, y puede ralentizar el ritmo cardiaco, sobre todo, a través de la respiración.[75]

Llegados a este punto, es necesario que explique por qué ralentizar el ritmo cardiaco es algo tan crucial para calmar la mente y, en concreto, los pensamientos. Si nos remontamos a nuestros antepasados, en momentos de peligro físico era primordial que desarrolláramos un mecanismo que pudiera aumentar nuestras probabilidades de supervivencia. Necesitábamos hacer circular mucha sangre por nuestro cuerpo muy rápidamente para aumentar la activación de nuestros músculos y poder correr o luchar para sobrevivir. La forma más rápida de incrementar la cantidad de sangre disponible en los músculos es aumentar el ritmo cardiaco. Es fácil de entender: un corazón que late más rápido hará circular más sangre. Para aumentar la velocidad a la que late el corazón, el cuerpo también acelerará el ritmo de la respiración, lo que aportará más oxígeno al organismo para oxigenar los músculos y prepararlos para la amenaza. Además de aumentar la velocidad del corazón y la respiración, también pensamos más rápido para identificar todas las formas en las que podrían quitarte la vida, con la intención de encontrar una solución que te permita sobrevivir. Así funciona el sistema nervioso simpático.[76]

Cuando la amenaza desaparece, el cuerpo necesita realizar el proceso inverso para volver a ralentizarlo todo mediante el sistema nervioso parasimpático.[77] La forma más rápida de conseguirlo es modificando la respiración. En lugar de hacer inspiraciones cortas y rápidas, el cuerpo empieza a hacer espiraciones hondas y lentas. Esto envía señales importantes al nervio vago para decirle que ya no estás en peligro y que tu cuerpo está a salvo y puede calmarse.

Analicemos la relación entre el exceso de pensamientos, la ansiedad y la respiración. Aunque en el mundo actual ya no es probable que te persiga un oso por el bosque, durante los momentos en los que piensas con miedo y preocupación, tu cerebro y tu cuerpo no lo saben. En esos momentos, se produce una activación similar de tu sistema nervioso simpático, y todo se acelera. Por eso, nuestra misión es activar el sistema parasimpático de la forma más eficaz posible. Hay un área de investigación fascinante que apoya este «tono vagal», el cual se refiere a tu capacidad para controlar el nivel de alerta y miedo de tu cuerpo y cerebro, o de recuperación y calma.[78] El tono vagal se puede entrenar y mejorar con el tiempo, al aprender intencionadamente a controlar la frecuencia cardiaca con la respiración.[79] Las personas que presentan un tono vagal más alto como resultado de dicho entrenamiento muestran índices más altos de serotonina, ¡nuestro objetivo principal en esta tercera parte![80]

Estrategias de respiración

Es importante que aprendas a conectar con tu cuerpo y a relajarlo a través de la respiración. Hay dos estrategias respiratorias clave que te ayudarán a conseguirlo. Se pueden utilizar en momentos de miedo y preocupación, y como una habilidad diaria que puedes practicar por las mañanas. De este modo, tu estado de ánimo se irá calmando paulatinamente cada día.

1. RESPIRACIÓN RESONANTE

Consiste en ralentizar la respiración a solo seis respiraciones completas por minuto. Se ha demostrado que este estilo de respiración tiene un efecto increíblemente positivo a la hora de calmar el sistema nervioso, aumentar el tono vagal y mejorar el estado de ánimo.[81]

Para reducir el ritmo respiratorio a solo seis respiraciones por minuto, debes dividir las respiraciones en intervalos de diez segundos. Para ello, inspira por la nariz durante cuatro segundos y espira por la boca durante seis segundos. A continuación, repite esta operación durante unos minutos. Recuerda que, para calmar nuestro cerebro y nuestro cuerpo, nuestra misión es alargar la espiración, por lo que debemos asegurarnos de que las espiraciones sean más largas.

 RETO: Empieza a practicar esta habilidad cada mañana durante unos minutos. Busca un lugar tranquilo en casa o un buen banco cuando des un paseo por el campo y, cada mañana, siéntate y empieza a entrenar la respiración resonante. Es como entrenar un músculo en el gimnasio; cuanto más lo hagas, mejor se te dará y más fácil te será calmarte en momentos en los que sobrepienses y estés preocupado.

 RETO: Dedica un minuto a practicar esto. Deja el libro. Siéntate en una posición erguida y cómoda en un sofá o una silla. Cierra los ojos. Empieza a inspirar por la nariz y a espirar por la boca. Cuando estés relajado, empieza a contar. Cuatro segundos para inspirar, seis segundos para espirar.

2. RESPIRACIÓN SUSPIRANTE

Otra estrategia de respiración fascinante que ha demostrado tener los efectos calmantes que buscamos en esta sección es la respiración suspirante.[82] Se trata de un proceso natural que realiza el cuerpo cuando entra en un estado de sueño. Inspira hondo por la nariz y, cuando te sientas «lleno», vuelve a inspirar brevemente y de forma aguda, también por la nariz. A continuación, expulsa un largo suspiro por la boca. Es decir, una doble inhalación seguida de una gran exhalación.

La inhalación, seguida de una segunda inhalación corta, hace que se expandan más los pulmones, y que el cuerpo libere más dióxido de carbono en la exhalación. De esta manera, conseguimos el efecto calmante que buscamos.

 RETO: Pruébalo ahora. Colócate en una posición cómoda en el sofá, cierra los ojos y empieza con unas cuantas inhalaciones y exhalaciones. Cuando estés preparado, haz diez «respiraciones suspirantes». Un suspiro equivale a una inhalación doble seguida de una exhalación. Cuanto mayor y más fuerte sea la espiración, mejor.

Tu práctica calmante diaria

Para incorporar estas estrategias en mi vida, y calmar de verdad mi mente, he creado una práctica matutina corta y asequible que me permite practicar estas habilidades. Te recomiendo encarecidamente que hagas lo mismo. Recuerda que el objetivo es conectar con tu cuerpo y tu corazón; aprender a sentirlos, escucharlos y relajarlos. Teniendo esto en cuenta, voy a añadir un componente adicional a tu ejercicio de respiración matutino.

Cuando te sientes, procede con los siguientes pasos:

1. **Haz tres inhalaciones y exhalaciones completas.**
2. **En la tercera exhalación, cierra los ojos.**
3. **Haz otras tres inhalaciones y exhalaciones.**
4. **Empieza la práctica de respiración que prefieras (la que sientas que te relaja más, la respiración resonante o la respiración suspirante).**
5. **Respira de esta manera durante dos o tres minutos.**
6. **Ahora, conecta con tu cuerpo. Explora tu cuerpo de la cabeza a los pies y comprueba si percibes alguna sensación.**
7. **Empieza por la cabeza. ¿Notas alguna sensación en los ojos, la nariz o la boca?**
8. **A continuación, pasa a la parte superior del cuerpo. ¿Notas alguna sensación en la garganta, los hombros, el pecho o el estómago? En la parte inferior del cuerpo, ¿notas alguna sensación en los muslos, las nalgas o los pies?**
9. **Una vez que hayas respirado y explorado tu cuerpo, abre los ojos.**

Hacer este ejercicio por las mañanas te llevará menos de cinco minutos y te cambiará la vida. Tu cerebro estará más tranquilo, más despejado y más concentrado.

Qué hacer cuando estés sobrepensando

Ahora que ya tienes clara la importancia de entrenar y utilizar la respiración, quiero guiarte hacia dos pasos adicionales que puedes seguir en los momentos en los que estés sobrepensando.

1. EXPRESAR TUS PENSAMIENTOS EN VOZ ALTA

En primer lugar, relaja la mente y el cuerpo a través de la respiración. Si notas que los pensamientos siguen ahí, llama a alguien, manda un mensaje de voz o queda con alguien de confianza con quien te sientas conectado. Explícale que estás pensando demasiado y descríbele la situación. Este proceso de explicar lo que sientes te ayudará a procesarlo, racionalizarlo y abrir la puerta a que te presten ayuda. Otra manera en la que podrías conseguir esto es a través del *journalling*. El *journalling* es un proceso maravilloso que tiene una gran base científica.[83] Algo tan simple como utilizar una hoja de papel para escribir tus pensamientos y cómo te sientes te ayudará a procesarlos y a aceptar los pensamientos de preocupación que hay en tu mente.

2. RECURRIR A LA GRATITUD

En el capítulo 9 aprendimos mucho sobre la gratitud y, en momentos de preocupación, es una herramienta fantástica. Durante estos momentos difíciles, es probable que tu cerebro se enfoque en el miedo: miedo por tu trabajo, tu salud, tu casa, tus amigos, tu familia, las opiniones de la gente, o cualquier otra cosa. Del mismo modo que respirar despacio aminora la respuesta suscitada por el miedo, la gratitud puede servirnos para lo mismo. La gratitud le recuerda a tu cerebro todas las cosas que están bien en tu vida y que te proporcionan estabilidad y felicidad. En momentos en los que sobrepienses, la gratitud le ofrece a tu mente la tranquilidad que necesita para relajarse.

Convertirse en una persona que *subpiensa* es posible, y puedes empezar a hacerlo hoy.

Estrategia

A lo largo de este capítulo, has aprendido tres estrategias clave que puedes utilizar para relajar la mente cuando sobrepienses. Queremos encontrar la felicidad más allá de aquellos comportamientos que nos proporcionan un chute de dopamina rápido y descubrir formas de felicidad que sean más naturales. Algunos ejemplos pueden ser:

1 **RESPIRAR DESPACIO**

2 **EXPRESAR TUS SENTIMIENTOS EN VOZ ALTA**

3 **RECURRIR A LA GRATITUD**

Para incorporar estas estrategias a tu vida, es importante que las conviertas en un hábito diario. La clave está en incorporar la práctica de la respiración a tu rutina matutina. Elige un momento en el que puedas comprometerte a hacerlo todos los días. Por ejemplo, durante mi paseo matutino hay un banco en concreto en el que hago respiraciones. Si prefieres estar en la tranquilidad de tu casa, elige un lugar apacible para hacer esta práctica matutina. Asegúrate de que sea siempre a la misma hora para conseguir un hábito ideal; por ejemplo, después de ducharte, cuando te hayas puesto la ropa o después de lavarte los dientes. Empieza a probar a compartir tus pensamientos con personas de confianza y a recurrir a la gratitud en los momentos en los que sobrepienses. Recuerda que estas habilidades requieren práctica y que, cuantas más veces lo hagas, más relajada estará tu mente.

Reto

A continuación, me gustaría que llevaras a cabo el reto de subpensar. Para ello, harás una práctica de respiración breve para relajarte que dure entre dos y cinco minutos todas las mañanas durante la próxima semana. Observa atentamente cómo la respiración influye en la paz de tu mente. Recuerda que entrenar la respiración es una habilidad. Cuanto más despacio exhales, más se calmarán tus pensamientos.

15

Recargarse por la noche para superar el día

SEROTONINA
SUEÑO PROFUNDO
SEROTONINA
SUEÑO PROFUNDO
SEROTONINA
SUEÑO PROFUNDO
SEROTONINA
SUEÑO PROFUNDO
SEROTONINA
SUEÑO PROFUNDO

En primer lugar, evaluemos cómo duermes.

En una escala del 1 al 10, puntúa la calidad de tu sueño.

1 → 10

1 = fatal

10 = fenomenal

Qué es el SUEÑO PROFUNDO

A lo largo de la tercera parte, hemos ido descubriendo los hábitos clave que mejoran la salud de tu cuerpo y, en consecuencia, la salud de tu cerebro. Ahora ya deberías tener una idea clara del tipo de actividades que puedes hacer a lo largo del día para aumentar tus niveles de serotonina. Por ejemplo, tomar el sol por la mañana temprano, pasar tiempo en la naturaleza, comer alimentos nutritivos y respirar con calma. El último componente de la serotonina aparece al final del día: el sueño.

En este capítulo, vamos a aprender por qué la calidad y la cantidad del sueño son totalmente indispensables para mejorar cómo te sientes mentalmente y, lo que es más importante, cómo puedes mejorar la calidad del sueño todos los días.

El **sueño profundo** aumenta enormemente los niveles de serotonina.[84] Dado que sabemos que la función de la serotonina es mejorar el estado de ánimo y los niveles de energía, podemos ver hasta qué punto el sueño está interrelacionado con todo esto. Estoy seguro de que ha habido muchos días en los que has dormido poco y al día siguiente has notado un bajón importante de energía y de ánimo. A menudo, el aumento de la irritabilidad es un signo claro de que se ha dormido poco.

Un sueño de calidad no solo aumenta la serotonina, sino que también influye en otros aspectos clave como la memoria, la capacidad de atención, la eficacia del aprendizaje, la asimilación de las emociones e incluso el metabolismo y la capacidad de mantener un peso corporal saludable.[85] Es importante entender que el sueño es un aspecto muy importante en el que influye un gran número de factores.

Nota: *La calidad del sueño es más importante que la cantidad. A título orientativo, deberías dormir entre siete y nueve horas cada noche. La mejor forma de evaluar tu sueño es simplemente observando la energía y el estado de alerta con que te levantas.*

Mejorar la calidad del sueño

A continuación, te ofrezco varias acciones que puedes poner en marcha para mejorar la calidad del sueño, desde tu capacidad para conciliar el sueño rápidamente hasta alcanzar los estados profundos de sueño necesarios para recargar tu cerebro y tu cuerpo. No es necesario que hagas todo lo que recomiendo aquí. Todas las acciones son importantes, pero elige algunas que te parezcan asequibles y útiles para tu vida ahora mismo.

1. LUZ SOLAR MATUTINA

Como descubrimos en el capítulo 12, dedicado a la luz del sol, la hora a la que ves la luz es crucial para mejorar tus ritmos circadianos. Recuerda que este es tu reloj corporal interno y es el responsable de despertarte y dormirte. Uno de los aspectos más importantes para mejorar nuestro sueño es reducir el tiempo que transcurre desde que nos despertamos hasta que salimos y vemos la luz del día por primera vez. En el momento en que nuestros ojos ven la luz del día, se pone en marcha el componente de vigilia del reloj corporal. Cuanto más rápido se ponga en marcha el sistema energético por la mañana gracias a la luz solar, más rápido se relajará por la tarde y, gracias a esto, más fácil te será conciliar el sueño. Intenta ver la luz del sol como muy tarde a los treinta minutos después de despertarte. Obsérvala durante diez minutos como mínimo.

Para que te sea más fácil despertarte durante los meses más oscuros del invierno, te recomiendo encarecidamente que te hagas con un «despertador simulador del amanecer». Te despiertan con luz durante un periodo de treinta minutos, lo que proporciona un ciclo de vigilia mucho más natural para el cerebro y el cuerpo. La verdad es que tener uno me cambió la vida.

2. MOVIMIENTO DIARIO

Ahora que estás despierto y te has levantado, es importante que pienses en cuánto te mueves cada día. Si eres una persona a la que le cuesta conciliar el sueño cuando se acuesta, o te despiertas por la noche, esta es una parte crucial de tu vida que debes tener en cuenta. En pocas palabras, tu cuerpo necesita moverse para poder conciliar el sueño. Si llevas una vida bastante sedentaria (lo cual es bastante común en el mundo moderno), en la que te mueves de la cama al coche, el escritorio y el sofá, y tu cuerpo no hace ningún esfuerzo físico, este no necesitará dormir.[86] Mover el cuerpo todos los días no es algo negociable. En el primer capítulo de la cuarta parte, dedicado a las endorfinas, exploraremos cómo puedes incorporar más movimiento a tu día a día.

Si ahora mismo estás superando una lesión o tienes una discapacidad que no te permite moverte, utiliza una de las acciones de la página 222 para relajarte.

3. TU ENTORNO

Hay algunos elementos esenciales del entorno que te ayudarán a conseguir una calidad de sueño óptima.

- **La temperatura:** El cuerpo reduce su temperatura un grado centígrado al dormirse,[87] por lo que es importante que el dormitorio esté fresco. Yo dejo la ventana de mi habitación abierta durante toda la noche en verano, y en invierno la dejo abierta durante veinte minutos justo antes de acostarme.
- **La iluminación:** Al igual que necesitamos luz brillante por la mañana para que nuestro cuerpo se despierte, necesitamos una iluminación tenue por la noche para relajarnos. Es muy importante que a partir de las siete de la tarde no haya ninguna luz principal encendida en casa; solo lámparas. El objetivo es evitar cualquier luz que proceda de cualquier punto situado por encima de la cabeza (el cerebro la percibe como si fuera el sol). Asegúrate de que toda la iluminación procede de un lugar por debajo del nivel de los ojos.
- **La comodidad:** Es importante estar cómodo por la noche. Para ello, quizá necesites una almohada nueva, un edredón nuevo o incluso un colchón nuevo. La comodidad es fundamental. Lavar la ropa de cama con frecuencia y tener el dormitorio cuidado es fundamental. Crea un santuario de la relajación para dormir. Mantener el espacio organizado también te ayudará a mejorar la dopamina.

4. TECNOLOGÍA NOCTURNA

La forma en la que interactúas con la tecnología por la noche y antes de dormir es crucial.

- **El tipo de contenido:** Es fundamental que la media hora de antes de dormir no la pases escroleando en redes sociales o leyendo noticias. Son actividades demasiado estimulantes para el cerebro y nos incapacitan para conciliar el sueño o pueden hacer que nos despertemos por la noche.[88] Lo mejor es leer, ya que es increíblemente relajante para la mente. Por ejemplo, sopesa la posibilidad de leer unas páginas de este libro antes de irte a dormir. Si hay noches en las que no quieres leer, es mucho mejor que veas un programa de televisión o escuches un pódcast en lugar de escrolear.

Nota: Cuando mires cualquier pantalla después de las siete de la tarde, asegúrate de que el brillo esté extremadamente bajo. Las luces brillantes despertarán al cerebro.

- **Cargar el móvil:** Es posible que hayas pasado los últimos diez años cargando el móvil justo al lado de la cabeza. Hay una razón muy importante por la que tienes que dejar de hacer eso hoy mismo. La ciencia ha demostrado que ver la pantalla del móvil entre las once de la noche y las cuatro de la mañana provoca una hiperactivación de una parte del cerebro llamada habénula.[89] La hiperactivación de esta área suele estar relacionada con ansiedad clínica y depresión. Esto significa que, aunque las cosas te vayan bien, el mero hecho de usar el móvil por la noche podría estar provocándote sentimientos de depresión y ansiedad. Es imperativo cargar el móvil en el otro extremo de la habitación o, preferiblemente, en otra habitación (yo lo hago en el salón). Esto también te ayudará a hacer ayuno telefónico, ya que es crucial que el primer chute de dopamina que recibas todos los días no venga del móvil.
- **Si crees que vas a tener llamadas urgentes,** puedes permitir que te entren llamadas de tus contactos favoritos, aunque tengas el modo «no molestar» activado. Además, si las llamadas urgentes son el motivo principal para no cargar el teléfono lejos de tu habitación, pregúntate cuántas de esas llamadas has tenido realmente por la noche. Asegúrate de tener el móvil en modo «no molestar» desde las ocho de la tarde hasta las ocho de la mañana.

5. TU DIETA

Hay tres productos principales que podrías estar consumiendo por la noche y que te están arruinando el sueño. Puede resultar molesto oírlo, pero son la cafeína, el alcohol y el azúcar. Entiendo que estas sustancias pueden proporcionarte mucho placer, pero el impacto negativo que tienen en tu sueño y tu salud mental es peor que el placer que puedan darte. No se trata de suprimir estos productos, sino de tomar decisiones inteligentes.

- **Cafeína:**[90] Si se consume en el momento adecuado (cuando hayan pasado al menos noventa minutos después de despertarnos), la cafeína puede aumentar la energía y la capacidad de entrar en estado de flujo. Es importante que este sea tu único café y que no tomes más cafeína después de las doce del mediodía (ni tampoco té). Por la tarde, opta por café descafeinado o por infusiones de hierbas.
- **Azúcar:**[91] Comer azúcar en general es problemático. Pero comer azúcar después de las ocho de la tarde también dinamita la calidad del sueño. Hace que te despiertes por la noche. Sé disciplinado por las noches y evita los caprichos azucarados. Si necesitas darte un capricho después de cenar, opta por azúcares naturales como el yogur con miel de buena calidad, fruta o, de vez en cuando, un par de onzas de chocolate negro (con un 70 por ciento o más de cacao puro).
- **Alcohol:**[92] Soy plenamente consciente de que el alcohol puede convertirse en una parte importante de la rutina nocturna, y muchos de nosotros pensamos que nos ayuda a dormir. Lo cierto es que tiene el efecto contrario. El alcohol estresa el cuerpo, lo despierta por la noche con más frecuencia y reduce significativamente las fases más profundas del sueño necesarias para recargar el cerebro. Entre semana, opta por una infusión o incluso una kombucha (que casi no tiene cafeína) por la noche y evita el alcohol. Observa la calidad de tu sueño, tu estado de ánimo y tus niveles de energía, y decide por ti mismo si es una buena decisión.

6. CALMAR LA MENTE

Por último, veamos algunos métodos respaldados por la ciencia que podrías utilizar para relajar una mente ocupada a la hora de intentar conciliar el sueño.

- **Ser constante con la hora de irte a la cama:**[93] A tu cerebro se le da genial aprender. Tener una hora constante para irse a la cama todos los días hace que tu mente se prepare de forma instintiva para irse a dormir.
- **Gratitud:**[94] A lo largo de la segunda parte hemos aprendido los beneficios de la gratitud. Esta es una buena forma de empezar a calmar la mente antes de dormir y cuando estés tumbado en la cama, sobre todo, si por la noche estás preocupado.
- **Subpensar:**[95] Después hacer la práctica de la gratitud, empieza con las respiraciones resonantes (véase la página 209). De esta manera, reducirás tu ritmo cardiaco y tardarás menos en conciliar el sueño. Asegúrate de hacer esto cuando te despiertes por la noche para volver a calmar la mente.
- **Escribir:** Si antes de dormir o por la noche piensas en muchas cosas, escribir es una buena opción.[96] Ten un bolígrafo y un papel cerca de la cama y, cuando los pensamientos te sobrepasen, escríbelos. Esto te ayudará a sacarlos de tu mente y te permitirá volver a conciliar el sueño.
- **Escuchar:** En las noches en las que de verdad no puedas dormir, no luches contra ello; acéptalo y asegúrate de que tu cuerpo esté en la posición más relajada posible. Escucha «música para dormir», lo cual podría ser un sonido tranquilizador de la naturaleza o un ritmo suave que nuestro cerebro ya conozca y se relaje. También puedes elegir un pódcast relajante, ya que calmará tus pensamientos.[97] Baraja la posibilidad de utilizar una *tablet* o un altavoz que no tenga redes sociales ni correo electrónico. Permítete disfrutar de lo que estás escuchando.

Estrategia

Quiero que reflexiones sobre estas estrategias clave y pienses en cuál es la más importante para ti, la que debes poner en práctica ahora mismo. Recuerda, por favor, que no es necesario que las hagas todas; solo las que instintivamente te parezcan útiles y factibles.

1 **LUZ SOLAR MATUTINA**

2 **MOVIMIENTO DIARIO**

3 **TU ENTORNO**

4 **TECNOLOGÍA NOCTURNA**

5 **TU DIETA**

6 **CALMAR LA MENTE**

Reto

A continuación, me gustaría que llevaras a cabo el reto del sueño profundo. Para hacerlo, el sueño tendrá que ser tu prioridad a lo largo de esta semana. Pon en práctica la estrategia clave que escojas.

Construyendo tu *efecto DOSE*

A lo largo de la tercera parte, hemos explorado el verdadero poder de aumentar los niveles de serotonina para crear una vida más feliz y llena de energía.

Te has embarcado en la aventura de probar con varios hábitos nuevos que te ayudarán a mejorar este sistema en tu cerebro y en tu cuerpo.

A continuación, quiero que dediques un momento a pensar cuál de las cinco acciones principales relacionadas con la serotonina te parece más importante seguir priorizando. Sería increíble que todos estos comportamientos continuaran siendo una prioridad en tu vida. Sin embargo, es primordial que elijas un comportamiento principal y te asegures de que se arraigue profundamente en tu vida.

¿CUÁL SERÁ TU ACCIÓN PRINCIPAL
relacionada con la serotonina?

1. LA NATURALEZA
Conectar con el mundo natural de forma habitual sin usar los auriculares

2. LA LUZ SOLAR
Una prioridad diaria para ver la luz del sol tan pronto como sea posible
después de despertarte

3. LA SALUD INTESTINAL
Desechar los alimentos procesados y volver a una dieta a base de alimentos
enteros para tu organismo

4. SUBPENSAR
Una práctica diaria para calmar tu cuerpo y,
por tanto, calmar tus pensamientos

5. SUEÑO PROFUNDO
Mejorar tu sueño para mejorar tu bienestar

**¡Recuerda contarle a un amigo o familiar el reto principal
relacionado con la serotonina que hayas seleccionado!**

Desestresar y calmar la mente

ENDORFINAS
ENDORFINAS
ENDORFINAS
ENDORFINAS
ENDORFINAS
ENDORFINAS
ENDORFINAS
ENDORFINAS
ENDORFINAS
ENDORFINAS

Qué son las ENDORFINAS

Te doy la bienvenida a la cuarta parte de tu viaje DOSE, «Las endorfinas». Las endorfinas son unas sustancias químicas presentes en el interior del cerebro y el cuerpo que tienen una capacidad excepcional de ayudarte a gestionar el estrés y mejorar tu salud física, dos cosas que imagino que probablemente deseas. Aprender a entender qué función tienen en tu vida y cómo puedes aumentar su activación todos los días será transformador. A lo largo de esta cuarta parte, nos sumergiremos en la razón por la que evolucionó este mecanismo y, lo que es más importante, en una divertida y atractiva variedad de retos diseñados para potenciar tus endorfinas.

Para que entiendas qué son las endorfinas, tengo que volver a nuestros antepasados y a cómo las endorfinas les salvaban la vida con frecuencia. Imagina que eres un cazador-recolector que está atravesando un terreno difícil. Estás cansado y hambriento. De repente, aparece un depredador y tu vida corre un gran peligro. El cerebro y el cuerpo se enfrentan a una decisión: huir del animal o intentar luchar contra él. Eliges huir. El estrés se apodera de tu mente, corres lo más rápido que puedes, te empieza a doler mucho el estómago (lo que ahora se conoce como una punzada); ignoras el dolor, sigues corriendo sin parar. El dolor empieza a remitir a medida que pasas más tiempo corriendo. Sigues concentrado en una cosa: sobrevivir. Al cabo de diez minutos, te das cuenta de que estás a salvo y puedes empezar a recuperarte.

Durante esta búsqueda por la supervivencia, las endorfinas han desempeñado un papel fundamental. En el momento inmediato del duro esfuerzo físico, tu cerebro y tu cuerpo han empezado a liberar endorfinas por dos razones principales. Número uno, para eliminar el estrés de tu mente y poder concentrarte en seguir vivo.[1] Número dos, para eliminar cualquier dolor de tu cuerpo.[2] Si te pidiera que corrieras todo lo rápido que pudieras durante diez minutos, estoy seguro de que sentirías dolor, tal vez una punzada, tal vez dolor en las rodillas. Las endorfinas liberadas en esta situación de estrés funcionan como un analgésico natural para proporcionarte la mayor probabilidad de sobrevivir.

Ahora bien, en un mundo como el nuestro, que no deja de avanzar, imagino que no te pasas el día huyendo de depredadores. Sin embargo, estoy seguro de que el estrés sigue siendo algo que experimentas con frecuencia. Aprender a activar intencionadamente las endorfinas desestresará tu mente y tu cuerpo, y te hará sentir más calmado.[3]

Los principios de las endorfinas

PRINCIPIO 1:
REQUIEREN UN GRAN ESFUERZO FÍSICO

El ejercicio es, por supuesto, un factor clave de esta cuestión. Cuando el cuerpo hace un esfuerzo físico, se produce una liberación de endorfinas importante.[4] Este es el primer principio clave que hay que entender, que es necesario extenuar al cuerpo de alguna manera. Por ejemplo, es posible que hayas oído hablar del «subidón del corredor», el cual les sucede a personas que corren largas distancias y experimentan un aumento significativo de endorfinas como resultado del dolor físico que sufre su cuerpo.[5] A pesar de ello, el ejercicio es solo uno de los cinco métodos principales que utilizaremos para empezar a activar las endorfinas con más frecuencia. Hay otras formas de asegurarnos de que el cuerpo se canse físicamente.

Si ahora mismo tienes alguna limitación o lesión y no puedes hacer ejercicio, en esta sección exploraremos otras alternativas para activar tus endorfinas. Para ver un resumen, dirígete a las páginas 290-291.

PRINCIPIO 2:
SON UN DESESTRESANTE NATURAL PARA EL CEREBRO Y EL CUERPO

El segundo principio que quiero que asocies con las endorfinas es simplemente imaginarlas como el principal desestresante de tu cerebro y de tu cuerpo. Cada vez que estés estresado, quiero que inmediatamente pienses: «Ah, tengo que aumentar mis endorfinas».

¿Tienes niveles de endorfina bajos?

Si te sueles estresar con frecuencia, es una señal clara de que necesitas aumentar tus endorfinas.[6]

Si a veces estás enfadado y frustrado, aumentar la activación de endorfinas podría ser muy beneficioso para ti.[7]

Es importante señalar que estas emociones son completamente naturales. Experimentar estrés y frustración de vez en cuando forma parte de la experiencia humana. Mi objetivo es ayudarte a comprender que, en los momentos en los que te sientas así, tienes que pensar inmediatamente en cómo puedes aumentar tus endorfinas.

Las CUATRO CAUSAS
de endorfinas bajas

1. **La primera causa es la falta de ejercicio físico intenso.** Durante 300 000 años, innumerables generaciones de nuestros antepasados humanos pasaron una parte importante de sus días en movimiento, cazando, buscando comida, construyendo y explorando. Gran parte de este trabajo fue duro y tuvieron que llevar sus cuerpos al límite para sobrevivir. La ausencia de todo tipo de ejercicio físico frecuente en tu vida derivará en una reducción significativa de la activación de endorfinas.[8]

2. **La segunda causa clave es el sedentarismo.**[9] Con las innovaciones modernas, es muy fácil llevar una vida sin apenas movimiento. Ahora tenemos la posibilidad de hacer muchas cosas sin movernos: la comida nos llega a casa, podemos trabajar con el portátil sentados en la cama, y los coches y otros medios de transporte nos llevan a todas partes. No solemos hacer ejercicio, y está demostrado que un estilo de vida que implique caminar muy poco reducirá los niveles de endorfinas.[10]

3. **Nuestra tercera causa clave es la falta de risa.** La risa es una de las principales maneras de aumentar nuestros niveles de endorfinas, como descubriremos en el capítulo 19.[11] Cada vez pasamos más tiempo delante de una pantalla, ya sea en el trabajo o como parte de nuestra vida social. Pregúntate: ¿con qué frecuencia me río de verdad en esos momentos? Imagino que mucho menos que cuando nos divertimos en momentos de socialización en persona. No hay que subestimar este aspecto: hay una razón por la que la risa es tan agradable. Situarte en entornos en los que puede que rías es indispensable.

4. **Nuestra cuarta y última causa es el estrés crónico.**[12] Con estrés crónico nos referimos al estrés continuo y persistente que se prolonga durante un largo periodo de tiempo, normalmente semanas, meses o, en algunos casos, años. Es importante comprender este concepto y actuar en consecuencia. Muchas personas se sienten crónicamente estresadas, y romper este ciclo es del todo imperativo. La innovadora neurociencia demuestra que la sobreactivación repetitiva del cortisol, la principal hormona del estrés, provocará una reducción del funcionamiento de las endorfinas.[13] De esta manera, surgirá un ciclo complicado. Progresivamente, te estresarás más, mientras que la sustancia química clave que puede desestresar tu mente no puede funcionar del todo, lo que conduce a que el estrés sea cada vez peor. Es fundamental que incorpores varias de estas actividades a tu vida para romper este ciclo de estrés crónico.

Aunque los cinco potenciadores de endorfinas que describo en los siguientes capítulos van a ser los mejores métodos científicos para desestresar tu mente y tu cuerpo, varios de los comportamientos que ya has empezado a incorporar a tu vida también te servirán de apoyo. Por ejemplo, el ayuno telefónico (véase la página 65) —dejar de lado el móvil durante un tiempo— es esencial y te permite que evites el trabajo, también que veas noticias negativas o entres en redes sociales. Otro ejemplo es darle más prioridad a tu vida social (véase la página 129), la cual te permite conectar con la gente y centrar tu mente en la vida de los demás.

Qué sensaciones provocan los niveles de endorfina altos

Mientras trabajamos con el objetivo de aumentar tus niveles de endorfinas, vas a experimentar dos emociones principales. En primer lugar, te sentirás más positivo mentalmente[14] y un poco más optimista y feliz con la vida. En segundo lugar, te sentirás mucho más relajado.[15] En tu día a día, te sentirás más tranquilo y capaz de afrontar las inevitables tensiones que te surjan en la vida. En la siguiente página encontrarás un resumen de las principales funciones, principios, sentimientos y comportamientos asociados a las endorfinas.

Resumen de las endorfinas

Función →
- Lidiar con el estrés
- Salud física

Principios →
- Requieren un gran esfuerzo físico
- Desestresantes naturales del cuerpo y el cerebro

Sentimientos asociados a endorfinas bajas →
- Estrés
- Ansiedad

Causas de endorfinas bajas →
- Falta de ejercicio físico
- Estilo de vida sedentario
- Falta de risa
- Estrés crónico

Sentimientos asociados a endorfinas altas →
- Positividad
- Calma

Potenciadores de las endorfinas →
- Ejercicio
- Calor
- Música
- Risa
- Estiramientos

16

¡A moverse!

ENDORFINAS
EJERCICIO
ENDORFINAS
EJERCICIO
ENDORFINAS
EJERCICIO
ENDORFINAS
EJERCICIO
ENDORFINAS
EJERCICIO

En primer lugar, valoremos tu salud física actual y lo en forma que estás.

En una escala del 1 al 10, indica lo en forma que te sientes ahora mismo. Sé sincero contigo mismo.

1 → 10

1 = muy poco en forma

10 = muy en forma

Soy consciente de que este número irá cambiando. Algunos de los que estáis leyendo este libro quizá ya hagáis mucho ejercicio. Si ese es el caso, este capítulo os servirá para mejorar la forma en la que movéis el cuerpo. Otros a lo mejor no os movéis tanto. Por favor, debéis saber que esto es muy normal en la sociedad actual. Por ello, trabajar para que aumentéis la frecuencia con la que hacéis ejercicio será nuestro objetivo.

Qué es el EJERCICIO

En la introducción ya hemos visto que el esfuerzo físico es un método clave para activar el sistema de endorfinas.[16] No te vamos a poner en una situación en la que tengas que huir de depredadores, pero queremos que tu cuerpo tenga esa sensación. Cuando haces ejercicio, es en los momentos en los que de verdad te esfuerzas cuando experimentarás un aumento de endorfinas más significativo.[17] Este «esfuerzo» es el momento en el que estás subiendo una colina, corriendo o nadando todo lo rápido que puedes, pedaleando a toda velocidad o haciendo esas últimas repeticiones cuando estás en el gimnasio. Cuando tu cuerpo experimenta verdadero dolor físico, te generará endorfinas por todo el cerebro y el cuerpo.

Nota importante: Este dolor físico se refiere al dolor muscular y cardiovascular; por ejemplo, cuando tenemos agujetas o respiración agitada al hacer ejercicios de cardio. ¡El objetivo no es experimentar dolor causado por una lesión o por esforzarnos demasiado!

A la hora de incorporar a tu vida un ejercicio exigente pero factible, vamos a dividir el **ejercicio** en dos componentes clave. Ambos son fundamentales para tu salud mental y física inmediata, además de para la longevidad de tu cuerpo.

Por favor, habla con tu médico de cabecera antes de hacer cualquier ejercicio de fuerza, sobre todo, si padeces alguna enfermedad.

Tu fuerza

La reducción de la masa muscular es una de las principales causas de mortalidad en la tercera edad.[18]

Muchos estudios han demostrado que las personas que pierden fuerza tienen una mayor probabilidad de sufrir caídas, las cuales provocan muchos de los traumatismos físicos y mentales que, al final, conducen a la muerte.[19] Por lo tanto, da igual que seas joven, de mediana edad o estés en tus últimos años de vida: fortalecer el cuerpo es fundamental. En primer lugar, hay que pensar en cómo vamos a fortalecer nuestro cuerpo. El objetivo es desarrollar y mantener la masa muscular, y hemos de incluir estos ejercicios en nuestra vida de forma intencionada. Hay tres formas clave para conseguirlo.

1. LEVANTAR PESAS

Levantar pesas es una de las formas más populares de fortalecer el cuerpo, ya sea en el gimnasio o en casa con mancuernas.

Al levantar pesas, se rompen las fibras musculares, las cuales pasan por un proceso de recuperación. Conforme se van reconstruyendo, se vuelven más fuertes (siempre que mantengas una ingesta elevada de proteínas, uno de nuestros principales objetivos durante el reto de la salud intestinal de la página 203).

Antes de levantar pesas, siempre debes dedicar un momento a calentar y estirar el cuerpo. También es importante que compres el tamaño de pesas adecuado para ti. En el capítulo 20 hablaremos de algunos estiramientos importantes que puedes hacer. Asegúrate de entrenar todos los músculos del cuerpo por igual: los brazos, el pecho, los hombros, la espalda, el tronco y las piernas. Intenta hacer un mínimo de dos sesiones de levantamiento de pesas a la semana. Puedes combinarlas y dividirlas en una sesión para trabajar la parte superior del cuerpo un día y otra sesión para la parte inferior.

TREN SUPERIOR

- Incluye *press* de banca para el pecho, *press* militar para los hombros, *curl* de bíceps para los brazos y elevaciones de piernas para el tronco.
- En cada ejercicio haz **3 series** y **10 repeticiones por serie.**

TREN INFERIOR

· Incluye sentadillas, zancadas y extensiones de piernas.
· En cada ejercicio haz **3 series** y **10 repeticiones por serie.**

2. BANDAS DE RESISTENCIA

Con una búsqueda rápida en internet sabrás lo que son, y, si buscas «entrenamiento con bandas de resistencia» en YouTube, encontrarás rutinas cortas para empezar a ponerlas en práctica. Dichas rutinas podrían incluir ejercicios como *curl* de bíceps, *press* de hombros, sentadillas y zancadas. Busca un vídeo que te resulte asequible en cuanto a duración y dificultad, y empieza por ahí.

Recuerda que el objetivo es fortalecer el cuerpo de forma progresiva y aumentar las endorfinas durante el proceso. En las últimas repeticiones, en las que tendrás que esforzarte más, tu cerebro liberará la mayor cantidad de endorfinas.[20]

Nota: Si acabas de empezar a entrenar en el gimnasio, habla con los entrenadores personales para saber cuál es la postura correcta y la mejor técnica para los ejercicios que estés haciendo.

---

3. EJERCICIOS *BODYWEIGHT*

El *bodyweight* engloba ejercicios como flexiones, dominadas, sentadillas y abdominales, es decir, ejercicios en los que utilizamos nuestro peso corporal para desarrollar la fuerza. Como decíamos, son increíblemente eficaces. De nuevo, debes mentalizarte de incluir un mínimo de dos sesiones de entrenamiento *bodyweight* en tu rutina semanal.

TREN SUPERIOR

- Incluye flexiones, dominadas, flexiones de tríceps y planchas.
- En cada ejercicio intenta hacer <u>3 series</u> y <u>10 repeticiones por serie.</u>

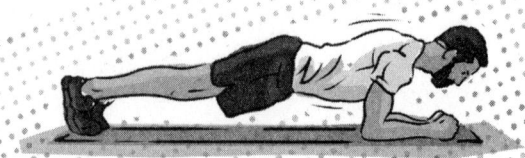

TREN iNFERIOR

· Incluye sentadillas, zancadas, puente de glúteos y elevación de pantorrillas.
· En cada ejercicio intenta hacer <u>3 series</u> y <u>10 repeticiones por serie.</u>

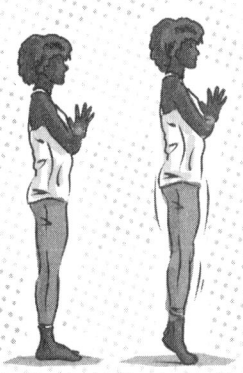

Tu resistencia

Con resistencia nos referimos a tu fondo físico. Una forma fácil de medir tu forma física es hacer ejercicio cardiovascular durante diez minutos (puede ser correr, montar en bicicleta, nadar o hacer senderismo) y ver cuánto tarda tu cuerpo en recuperarse. Te darás cuenta de que el corazón te late muy rápido y quizá te quedes sin aliento. La velocidad a la que tu cuerpo vuelve a un estado de reposo normal es la forma más clara de saber si estás en buena forma física. A continuación, vamos a explorar siete métodos para entrenar la resistencia.

Cuando leas las ideas que te propongo a continuación, pregúntate cuál es más probable que te comprometas a hacer. Si te cuesta mucho hacer ejercicio en tu día a día, empieza poco a poco. El objetivo no es empezar de repente a entrenar todos los días durante horas (eso es inviable). El ejercicio es algo que se construye gradualmente y aprenderás a decantarte por unos métodos u otros que se adapten mejor a ti. A medida que tu cuerpo se vaya poniendo en forma, empezarás a disfrutar cada vez más de la experiencia de hacer ejercicio.

1. ANDAR Y CORRER

Me he dado cuenta de que me cuesta mucho ponerme a correr. Por eso aprovecho mi paseo matutino (cuando ya estoy recibiendo la luz del sol y el estímulo de la naturaleza) y dedico tres momentos de este paseo a forzar un poco más mi cuerpo. Puede ser un trote rápido de cincuenta metros o subir una pequeña colina. Estos momentos suponen un estímulo mayor para las endorfinas y un aumento gradual de la resistencia física de nuestro cuerpo.

2. MONTAR EN BICI Y NADAR

Tanto a la hora de montar en bici como de nadar, empieza con un nivel de dificultad y una duración que sean realistas para ti. A medida que vayas terminando cada vez más sesiones, ¡la perseverancia y consecución de tus objetivos también fomentarán la dopamina! Al aumentar la dopamina, aumenta la motivación. Con el tiempo, motivarte para hacer ejercicio te será cada vez más fácil y conseguirás beneficios por partida doble: más endorfinas en el cerebro y más dopamina. Recuerda que cuando vayas en bicicleta o nades debes incluir algunos momentos en los que has de esforzarte al máximo. En esos momentos, dite a ti mismo que estás aumentando tus endorfinas y, como resultado, el alivio del estrés que experimentarás mentalmente será mayor.

3. CLASES DE GIMNASIO Y ARTES MARCIALES

Las clases de gimnasio y las artes marciales son cada vez más populares. Ambas son opciones fantásticas, ya que en ellas tienes el elemento motivacional adicional del grupo que te rodea y eso potencia la oxitocina.

4. DEPORTE

Por último, pensar en si hay algún deporte que podrías practicar sería una forma fantástica de alcanzar nuestro objetivo. Durante muchos años dejé de lado el deporte. En el colegio me encantaba, pero luego lo abandoné en la edad adulta. Decidí volver a jugar al tenis y ha sido increíble. La ventaja del deporte es que casi te olvidas de que estás haciendo ejercicio porque estás concentrado en el deporte en sí. Si hay algún deporte que te haya gustado en su día, piensa en cómo podrías reincorporarlo en tu vida. De nuevo, si se trata de un deporte de equipo, también te servirá para aumentar la serotonina.

Sea cual sea el método o los métodos que elijas para entrenar la resistencia de tu cuerpo, asegúrate de realizar dos sesiones principales a la semana. Esto quiere decir que nuestro objetivo es un mínimo de dos sesiones de fuerza y dos de resistencia semanales. Es una cifra alcanzable. Recuerda: si no te sientes en forma, empieza con sesiones pequeñas y ve haciendo más poco a poco. Si ya estás dándolo todo en tu rutina de ejercicio, sigue haciéndolo: ¡ayudará a tu mente y a tu cuerpo más de lo que imaginas!

Motivarse a uno mismo para hacer ejercicio

Obviamente, uno de los retos del ejercicio es la motivación. Para ayudarte a hacer ejercicio más a menudo quiero que tengas en cuenta dos aspectos clave que te animarán a seguir haciéndolo.

1. COMPETICIÓN Y UN OBJETIVO PRINCIPAL

Somos una especie muy competitiva por naturaleza y nuestro cerebro está preparado para perseguir objetivos (¡ya lo sabes por lo que hemos aprendido sobre la dopamina!). Cuando te esfuerzas para conseguir un objetivo concreto, ayudas a tu cerebro a mantener los niveles de dopamina altos, lo cual hace que estés más motivado.

Baraja la posibilidad de apuntarte a algún reto *fitness*. Si puedes hacerlo con un amigo o familiar, estarás aún más motivado. Por ejemplo, reta a un amigo o a tu pareja a una competición que consista en saber quién puede dar más pasos al día durante la próxima semana. Por las noches, preguntaos el uno al otro cuántos pasos habéis dado y ved quién ha ganado. Este elemento competitivo te motivará. Lo mismo sucede si ves quién es más fuerte en el gimnasio, quién puede correr más rápido en el parque o quién puede hacer un esprint después de dar un paseo en bicicleta. Competir y tener unos objetivos claros son fundamentales para que la motivación no decaiga.

2. DECISIONES INTELIGENTES

Tener un estilo de vida sedentario es muy dañino para el cerebro y el cuerpo. Además de plantearte algún tipo de reto físico en tu vida, quiero que empieces a tomar decisiones inteligentes para que todos los días te muevas un poco más. Por ejemplo, si vas en coche al supermercado para hacer la compra, quiero que aparques en el lado más alejado del aparcamiento, lo más lejos que puedas del supermercado, y así andarás más para hacer la compra. Cuando tengas que elegir subir por las escaleras o por las escaleras mecánicas, sube por las escaleras. Cuando estés trabajando en el escritorio, levántate más a menudo y anda. Da pequeños paseos en las pausas para comer. Haz que en tu día a día haya más momentos en los que te muevas un poco; de esta manera te asegurarás de activar de forma sutil tu sistema de endorfinas. Esta rutina te permitirá experimentar más calma mental y mejorará tu nivel de forma física cada vez más.

Estrategia

Escoge tu método para FORTALECER tu cuerpo:

1 LEVANTAMIENTO DE PESAS

2 ENTRENAMIENTO *BODYWEIGHT*

3 BANDAS DE RESISTENCIA

Escoge tu método para entrenar tu RESISTENCIA:

1 ANDAR

2 CORRER

3 MONTAR EN BICI

4 NADAR

5 CLASES DE GIMNASIO

6 ARTES MARCIALES

7 DEPORTE

8 FÚTBOL

Escoge tu método para MOTIVARTE a ti mismo:

1 COMPETICIONES

2 DECISIONES INTELIGENTES

Reto

A continuación, me gustaría que llevaras a cabo el **reto del ejercicio.** Para realizar este reto, tienes que incluir dos sesiones de entrenamiento de fuerza y dos sesiones de resistencia a lo largo de la semana que viene.

17

Relajarse
con el calor

Puntuemos lo relajado que estás ahora mismo.

En una escala del 1 al 10, indica lo relajado que te sientes.

1 → 10

1 = muy estresado

10 = muy relajado

Qué es
el CALOR

¿Alguna vez te has dado un baño con agua caliente y has tenido la sensación de que enseguida tu cuerpo empieza a relajarse? Enciendes unas velas, te sumerges en esa agua espumosa y caliente, respiras hondo y despacio por la nariz, y haces una exhalación larga por la boca. En ese momento, una sensación de calma recorre tu mente y tu cuerpo.

Los ambientes cálidos son un método increíble que puedes utilizar para aumentar tus niveles de endorfinas.[21] A lo largo de este capítulo, vamos a reflexionar sobre la frecuencia con la que deberías usar el calor y durante cuánto tiempo, y varias formas de conseguirlo. Estos son los tres métodos principales que exploraremos: baños, saunas y salas de vapor.

En primer lugar, recordemos cómo funcionan las endorfinas. La razón principal por la que tu cuerpo tiene endorfinas es para que, en los momentos de extenuación física, tu cuerpo las libere para desestresar la mente y el cuerpo. Cuando te das un baño, tu cuerpo experimenta de forma temporal una especie de «estrés por calor». Tu cuerpo percibe ese calor como algo que podría ser peligroso, ya que no sabe que el agua no se calentará más y que no te quemará. Con el fin de prepararse para esa situación, libera endorfinas por tu cerebro y tu cuerpo.[22] Esto es de gran utilidad porque suscita sensaciones de relajación.

Sería genial que pudieras empezar a incluir baños con agua caliente en tu día a día. Cuando te des un baño, asegúrate de pasar así al menos quince minutos. Crea un ambiente relajante. Pon música relajante, llévate *El efecto DOSE* contigo, enciende unas velas y añade burbujas de baño o sales relajantes. Además, este momento es perfecto para practicar la respiración para subpensar (véase la página 209). Recuerda: inhala durante cuatro segundos y exhala en seis. Hazlo durante unos minutos para relajarte un poco más.

Si no tienes bañera, las duchas con agua caliente durante cinco minutos pueden ayudarte a alcanzar el efecto deseado. Las bañeras simplemente nos permiten sumergirnos en el agua caliente y nos dan la oportunidad de relajarnos.

Recuerda: no te lleves el móvil al baño. Estar en la bañera y escrolear en redes sociales, mandar mensajes o leer las noticias impedirá que tu cuerpo y tu mente se relajen. Tómatelo como un momento adicional para alcanzar la dosis necesaria de ayuno telefónico.

Nota: Ten cuidado. Nunca te des un baño que te dañe la piel al entrar en contacto con el agua. Esto puede ser increíblemente perjudicial para tu salud. Lo que queremos es un baño con agua cálida que no esté ardiendo.

Para quienes viváis en familia, quizá penséis que no tenéis tiempo para anteponeros a vosotros mismos. Quiero que os fijéis en esta analogía. Durante las explicaciones sobre qué hacer en caso de emergencia en un avión, siempre se les dice a los padres que primero se pongan ellos la mascarilla de oxígeno antes de ponérsela a sus hijos para poder salvarlos. Piensa en este autocuidado que te proporciona el **calor** como ponerte una mascarilla de oxígeno. Dedicarte tiempo a ti mismo y relajar la mente te permitirá ser un apoyo mejor y más cariñoso para las personas que hay en tu vida.

Nuestro segundo y tercer método para calentar el cuerpo son las saunas y las salas de vapor. Soy consciente de que no todo el mundo tiene acceso a este tipo de sitios, razón por la cual he empezado hablando de baños y duchas. No obstante, si puedes acceder a alguno de estos espacios en un gimnasio o un *spa*, sería verdaderamente maravilloso para tu salud física y mental.

Para que la liberación de endorfinas sea óptima, te recomiendo que le des prioridad a la sauna antes que a la sala de vapor. De nuevo, de esta manera alcanzaremos nuestro objetivo de cansar nuestro cuerpo físicamente. Conforme vayan pasando los minutos en la sauna, verás que cada vez te cuesta más seguir allí. En estos momentos, al igual que cuando lo das todo cuando estás haciendo el reto del ejercicio, liberarás endorfinas que beneficiarán a tu mente y a tu cuerpo a lo largo de este proceso.

Además de los ya mencionados, hay una gran variedad de beneficios para la salud adicionales que surgen como resultado de pasar tiempo en saunas.

1. **DESINTOXICACIÓN:** Sudar en estos ambientes contribuye a desintoxicar el torrente sanguíneo. Constantemente estamos consumiendo toxinas dañinas a través de comidas, bebidas y el ambiente en el que nos movemos, y esta es una forma genial de eliminarlas.[23]

2. **MEJORAR EL SISTEMA INMUNITARIO:** Tu sistema de endorfinas y tu sistema inmunitario están estrechamente relacionados. Ambos pueden aumentar tu resistencia ante las enfermedades.[24]

3. **MEJORÍA DEL SUEÑO:** Se ha demostrado que el efecto relajante que surge en una sauna mejora la calidad del sueño de las personas. Un estudio descubrió que el 83,5 por ciento de los participantes experimentó mejoras significativas en la calidad del sueño.[25]

4. **AUMENTO DE LA MASA MUSCULAR:** El estrés que provoca el calor deriva en la liberación de la «hormona del crecimiento», que nos ayuda a mantener y aumentar la masa muscular.[26]

5. **HABILIDADES COGNITIVAS:** En un estudio desarrollado durante veinte años, participaron más de dos mil personas y se descubrió que los sujetos que utilizaban saunas cuatro veces a la semana tienen un 66 por ciento de probabilidades menos de que se les diagnostique demencia.[27]

Poco a poco, podrás pasar hasta quince minutos en la sauna. Ten cuidado, claro, y, si alguna vez te mareas, sal de la sauna y haz unas respiraciones lentas para relajarte. Las salas de vapor son una opción más para exponer al cuerpo al calor. Son ideales para relajarse.

Nota: Si padeces alguna enfermedad concreta como problemas de corazón o de tensión alta, por favor, habla con tu médico de cabecera para saber si estas actividades son adecuadas para ti.

Estrategia

AUMENTA el número de baños que te das:

1. ASEGÚRATE DE ESTAR EN EL AGUA DURANTE UN MÍNIMO DE QUINCE MINUTOS.

2. UTILIZA VELAS, MÚSICA, ESTE LIBRO, UN BAÑO DE BURBUJAS Y SALES RELAJANTES.

3. PRACTICA LOS PATRONES DE RESPIRACIÓN PARA RELAJARTE, Y ALÉJATE DEL MÓVIL.

AUMENTA la frecuencia con la que vas a saunas:

1. LLEGA A SESIONES DE QUINCE MINUTOS.

2. NO TE LLEVES EL MÓVIL A LA SAUNA (USA EL TEMPORIZADOR QUE HAYA EN LA PARED).

3. VE A ESTOS SITIOS CUATRO VECES A LA SEMANA.

Si estás pensando en apuntarte a un gimnasio, entérate de si tienen sauna. Los beneficios para la salud son incalculables y acceder a una sauna o sala de vapor merece la pena, aunque cueste un poco más de dinero al mes. Baraja la posibilidad de reducir el consumo de bebidas alcohólicas cada mes para pagar la cuota del gimnasio. Así conseguirás beneficios por partida doble: menos alcohol (lo cual es estupendo para la dopamina) y más saunas (estupendo para las endorfinas).

Reto

A continuación, me gustaría que llevaras a cabo el **reto del calor.** Para realizar este reto, tienes que acudir a un ambiente en el que experimentes calor al menos cuatro veces a la semana durante los próximos siete días.

18

Deshacerse del estrés cantando

ENDORFINAS

MÚSICA

ENDORFINAS

MÚSICA

ENDORFINAS

MÚSICA

ENDORFINAS

MÚSICA

ENDORFINAS

MÚSICA

En primer lugar, evaluemos la frecuencia con la que cantas.

En una escala del 1 al 10, indica la frecuencia con la que cantas en voz alta al ritmo de la música.

1 = nunca

10 = a todas horas

Qué es
la MÚSICA

¿Alguna vez cantas o bailas al ritmo de la música? ¿Alguna vez has cantado tu canción favorita en el coche mientras conducías sin darte cuenta? ¿Alguna vez has cantado en casa, en la ducha? ¿Alguna vez has ido a una discoteca silenciosa o a un concierto en el que todo el mundo canta a pleno pulmón y sin pudor? Cuando haces estas cosas, puede invadirte algo parecido a la euforia y te sientes genial. Estas experiencias crean una sensación mágica en nuestra mente, y todo eso está gobernado por tus endorfinas.[28]

Recuerda que las endorfinas son sencillas: si tu cuerpo se agota físicamente, las endorfinas se liberarán. En estos momentos en los que cantas y disfrutas de la música, sobre todo si de verdad te entregas a ello, tu cuerpo se esfuerza y las endorfinas llegan a tu cerebro.

Te contaré algo que me sucedió hace poco. Tuve una reunión de trabajo complicada que hizo que aumentaran mis niveles de estrés. Me sentí abrumado por unas decisiones importantes que había que tomar y mi nivel de estrés no dejó de aumentar. No podía dejar de pensar en ello. El corazón se me aceleraba y mis pensamientos entraron en bucle. Después de la reunión, me subí al coche para volver a casa. Mientras iba en el coche, pensé en este mismo concepto, en cómo la música puede crear una liberación de endorfinas, y sabía que hacerlo podría desestresar mi cerebro. Empecé a poner algunas de mis canciones favoritas. Al principio, como estaba en un estado de ánimo negativo y estresado, murmuraba las canciones. Poco a poco me fui animando y empecé a cantar más alto (imaginando que era una especie de profesional, a pesar de mi dudosa voz). Mi mente no tardó en sumergirse en las canciones. Canté durante diez o quince minutos. Durante ese rato, mi mente se desprendió de las preocupaciones. Al llegar a casa, estas volvieron a cruzar mis pensamientos. Pero esta vez lo vi todo desde un punto de vista diferente, uno en el que me sentía mucho más tranquilo.

En momentos en los que nuestra mente está estresada, resolver problemas es muy difícil. La música es una forma maravillosa de desconectar temporalmente de tus preocupaciones y desestresar la mente, cosa que te permite volver al problema que tienes entre manos con un estado de ánimo diferente, un estado de ánimo racional y capaz de encontrar la solución.

Un estudio demostró los beneficios más inmediatos que puede tener la música en la sensación de entusiasmo por la vida de la persona en cuestión, así como en la reducción de la ansiedad y el dolor físico, además de mejorar el funcionamiento del sistema inmunitario.[29] En otro estudio se observaron beneficios transformadores en la respuesta al estrés de las personas, y se demostró que quienes aumentaban el tiempo que dedicaban a escuchar música se recuperaban más rápido del estrés.[30] En un tercer estudio, se observaron reducciones significativas del cortisol (la principal hormona del estrés) en los participantes. En concreto, este estudio constató mejoras en la capacidad de los sujetos para regular sus emociones.[31] Hoy en día, los niveles elevados de estrés y ansiedad son muy comunes. El hecho de que simplemente poner música y cantarla pueda aliviar estos problemas es impresionante y algo que te puede ayudar dondequiera que estés.

Es importante señalar que no se trata de un fenómeno nuevo. Hace miles de años que sabemos instintivamente que cantar y bailar producen emociones positivas. Las tradiciones y prácticas religiosas de muchas culturas siempre han incluido cantos, coros y bailes. El instinto del ser humano es poderoso; sabe lo que le beneficia. La neurociencia moderna no hace otra cosa que ponerse al día y explicar por qué es así.

Algo importante a tener en cuenta a la hora de tener tu DOSE diario de música son los diferentes estilos que escuchas y la influencia que tendrán en tu estado de ánimo.

1. MÚSICA ENERGIZANTE

Es una música animada que te acelera el ritmo cardiaco. Este tipo de música puede ser útil por la mañana para coger energía para el día. También puede ser ideal antes del entrenamiento o durante el mismo. Si te notas cansado, prueba a animarte cantando y bailando al ritmo de música energizante.

2. MÚSICA RELAJANTE

Al final del día, es ideal escuchar música relajante, sobre todo, cuando estás deseando desconectar después de un ajetreado día de trabajo. Ponte música relajante durante el trayecto al trabajo o una vez en casa. Cántala en voz baja. Cuanto más te sumerjas en la canción, mejor. De esta manera, tu mente descansará tras un ajetreado día de trabajo. Si te cuesta conciliar el sueño, antes de acostarte, otra forma de relajar la mente sería buscar «música relajante para dormir» en la aplicación que elijas.

3. MÚSICA PARA CONCENTRARSE

Se ha demostrado que algunos estilos de música aumentan el nivel de concentración. La música que tiene un ritmo tranquilo, más lento y sin letra puede mejorar tu capacidad de concentración cuando estás trabajando. Experimentar con «ritmos binaurales» o música *lofi* es una gran idea. A mí esta música me va genial cuando intento concentrarme. Selecciono mi tarea, cierro las aplicaciones que me distraen en el ordenador, me preparo algo de beber, dejo el móvil en otra habitación y pongo la música. El ritual de este proceso también me ayuda a concentrarme en la tarea que tengo entre manos.

4. MÚSICA TRISTE

Este es un caso interesante. Tal vez te hayas dado cuenta de que el estilo de música que escuchas en ciertos momentos puede reflejar de forma directa tu estado de ánimo actual. A veces, cuando estamos tristes o decaídos, nuestros gustos musicales pueden alinearse con estos sentimientos. Lo mismo sucede al contrario: cuando estamos de mejor humor y más animados, nuestra música también va en línea con esa energía. Por eso, si estás pasando por una situación que te deprime, como, por ejemplo, una ruptura o la pérdida de un ser querido, escuchar música triste propicia que experimentes esas emociones en su totalidad. Permítete a ti mismo llorar y sentir ese dolor, ya que puede ayudarte a procesar dichas emociones.[32]

Nota importante: Si te quedas atascado en un bucle en el que no dejas de llorar y de estar deprimido, podría ser muy muy dañino para ti. No sucede nada por pasar por una época en la que escuches música triste. Pero es importante que te asegures de volver a escuchar música más alegre en otros momentos del día para que tu mente vuelva a un estado más positivo.[33]

La música es una forma maravillosa de desconectar temporalmente de tus preocupaciones y desestresar tu mente, lo cual te permitirá volver al problema que tienes entre manos con un estado de ánimo diferente, un estado de ánimo racional y capaz de encontrar la solución.

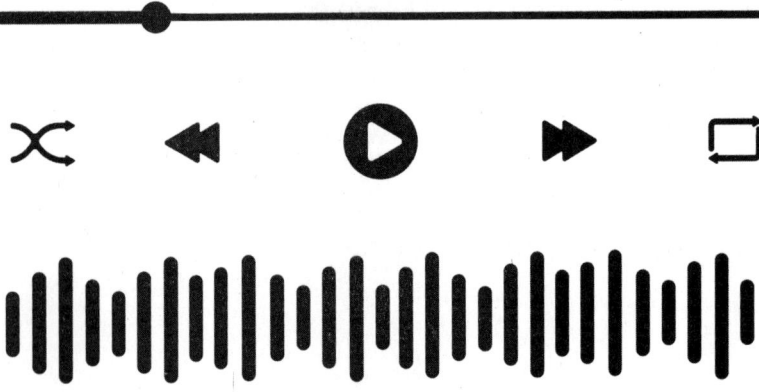

Estrategia

La estrategia es fácil: vamos a empezar a aumentar intencionadamente cuánto cantas cada día. Nuestro objetivo es que cantes un mínimo de cinco minutos al día. Las aplicaciones musicales hacen que sea facilísimo aprenderse las letras de las canciones (aprenderte la letra requiere concentración, ¡lo cual también es estupendo para tus niveles de dopamina!). Todas las mañanas, intenta cantar durante cinco minutos antes de ir al trabajo, ya sea en casa, en el coche o dando un paseo. Además, usa la música, como hice yo, en los momentos de estrés. Observa lo útil que es esta liberación de endorfinas para calmar tu mente y tu cuerpo.

Si alguna vez se te presenta la oportunidad, baila y canta con otras personas. Puede ser en un concierto, en un bar, en un karaoke o en tu casa. Se ha demostrado que cantar y bailar con otras personas aporta beneficios increíbles a la calidad de tus relaciones.[34] De esta manera, ¡liberarás oxitocina y endorfinas a la vez!

Reto

A continuación, me gustaría que llevaras a cabo el reto musical. Para hacer este reto, tienes que cantar durante cinco minutos cada mañana durante los próximos siete días.

19

¿Te estás riendo lo suficiente?

ENDORFINAS
RISAS
ENDORFINAS
RISAS
ENDORFINAS
RISAS
ENDORFINAS
RISAS
ENDORFINAS
RISAS

En primer lugar, valoremos la frecuencia con la que sientes que te ríes cada día.

En una escala del 1 al 10, puntúa la cantidad de risas que hay en tu vida.

1 = nunca

10 = muchísimo

Qué es
la RISA

Piensa en un momento en el que te hayas reído de verdad, con el tipo de risa que hace que casi te duela el cuerpo. Cuando sueltas una carcajada sonora, te duele el estómago y se te saltan las lágrimas. Así es la euforia. Así son las endorfinas. El cuerpo se está esforzando físicamente y, como hemos aprendido, eso produce una enorme liberación de endorfinas.[35] Es posible que hayas oído la frase «la risa es la mejor medicina», y es cierto.

Echemos un vistazo a la ciencia. Un estudio reciente respalda los efectos de la «risoterapia» en el estrés y la ansiedad[36] de las personas, ya que demostró el efecto que tiene la risa en la regulación de las emociones. Los beneficios también surgen a raíz de aspectos concretos de la risa, como el aumento de la ingesta de oxígeno, que conduce a la reducción de las hormonas del estrés, e incluso el aumento de la activación de los músculos abdominales, que conduce a la pérdida de peso.[37] Al final, todo esto tiene unos beneficios maravillosos para nuestra salud física y mental.

Reírte más en la vida es algo en lo que puedes centrarte intencionadamente para mejorar tu estado de ánimo todos los días. Hoy en día, pasamos más tiempo que nunca delante de una pantalla y cada vez menos tiempo en contacto con los demás. Situarnos en los entornos adecuados donde podamos reírnos es nuestro objetivo. Veamos algunas formas de hacerlo.

1. TU VIDA LABORAL

El teletrabajo ha sido enormemente beneficioso en muchos sentidos y tiene muchas cosas que nos encantan. Pero un problema que siempre veo en las empresas que permiten trabajar desde casa es la reducción de las interacciones sociales entre las personas. En una oficina, te puedes tomar un café o charlar con los compañeros sobre el fin de semana, y estos son momentos en los que te puedes reír un poco. Si tienes oficina, te recomiendo que vayas con cierta frecuencia para tener este momento de conexión.

2. EVENTOS SOCIALES

Reírse con los demás también tiene la capacidad de aumentar la oxitocina.[38] Tómate un momento para comprobar si cumples el reto de la vida social de la parte 2, y si te mueves en suficientes entornos sociales como para tener la oportunidad de reírte, divertirte y dejarte llevar durante un tiempo.

3. PASAR TIEMPO CON NIÑOS

Tal vez te hayas dado cuenta de que los niños se ríen mucho. Pasar tiempo con los miembros de tu familia y amigos más jóvenes, sumergirte en su mundo unos momentos, es una buena manera de reírte más en la vida. Al estar totalmente presente con ellos, centrarte en lo que les parece divertido y tener ganas de jugar, verás que tú también te estarás riendo.

4. CONTENIDO HUMORÍSTICO

Ahora bien, aunque la mejor forma de reír es en compañía de otros, no es la única manera de que haya más humor en tu vida. Hay un montón de contenidos desternillantes en internet que puedes escuchar y ver y que pueden hacerte reír. Por ejemplo, pódcast cómicos, películas divertidas o programas de televisión humorísticos. Todas estas cosas pueden animarte un poco más el día.

Llegados a este punto, es importante mencionar el contenido opuesto, que quizá estés consumiendo, un contenido que, además de no ser divertido, es también muy estresante para tu mente. Aunque los canales de noticias activos durante las 24 horas son informativos y, a veces, necesarios, debes tener mucho cuidado con la cantidad de este contenido que consumes. Ver constantemente noticias negativas y hacer clic en ellas influirá en tu forma de pensar y en cómo te sientes. Es fácil condicionar al cerebro. Si todo el tiempo te están contando lo que va mal en el mundo, empezarás a pensar también en todo lo que va mal en tu vida. Obviamente, debemos estar informados sobre la actualidad, pero no dejes que este contenido te sobrepase si quieres sentirte tranquilo y feliz.

Estrategia

Aquí nos centramos en algo muy sencillo: aumentar la cantidad de tiempo que pasas en ambientes que te hacen reír.

1. **VIDA LABORAL**
2. **EVENTOS SOCIALES**
3. **PASAR TIEMPO CON NIÑOS**
4. **CONTENIDO HUMORÍSTICO**

Es muy importante que, llegados a este punto, volvamos al marco de las endorfinas. Estas sustancias viven en tu cuerpo y te ayudan a controlar el estrés. A menudo, cuando estamos muy estresados, no damos prioridad a socializar y acabamos pasando más tiempo inmersos en pensamientos sobre cosas que nos preocupan.

Cuando estás estresado, necesitas planes para socializar y necesitas reírte. Estas situaciones le proporcionarán a tu mente el alivio que necesita para calmarse y encontrar una solución adecuada a lo que sea que te esté generando estrés. Prioriza socializar.

Reto

A continuación, me gustaría que llevaras a cabo el **reto de la risa.** **Para hacer este reto, en los próximos siete días, tienes que acudir a tres ambientes que harán que te rías.**

Levántate de la silla

ENDORFINAS
ESTIRAMIENTOS
ENDORFINAS
ESTIRAMIENTOS
ENDORFINAS
ESTIRAMIENTOS
ENDORFINAS
ESTIRAMIENTOS
ENDORFINAS
ESTIRAMIENTOS

Primero, puntuemos cuánto te mueves.

En una escala del 1 al 10, indica la flexibilidad que tienes cuando estiras el cuerpo.

1 → 10

1 = muy rígido

10 = muy flexible

Guau, ¡has llegado al último capítulo de *El efecto DOSE!*
¡Enhorabuena! Decidir priorizar la lectura de este libro todos
los días por encima de la facilidad de escrolear con el móvil
es dificilísimo. Tómate un momento para celebrarlo.
Se trata de un gran logro.

Qué son los
ESTIRAMIENTOS

**Pasemos al capítulo 20, dedicado a los estiramientos.
Curiosamente, cada vez que imparto formaciones DOSE,
esta es una de las partes favoritas del público.**

Imaginemos un comportamiento habitual. Te levantas, vas de aquí para allá
preparándote y, antes de que te des cuenta, estás sentado otra vez. Pasas
muchas horas sentado antes de que te entre hambre o necesites ir al baño. Te
levantas unos minutos y enseguida vuelves a estar sentado. Todos los días,
pasas horas en esta posición. Imagínate a ti mismo en el futuro. Si tienes la
suerte de vivir hasta una edad avanzada, y espero que así sea, quiero que te
imagines tu vida en ese momento. ¿Qué postura tienes? ¿Cómo te mueves?
¿Con qué facilidad te levantas del sofá, subes las escaleras e interactúas con
tus nietos? No es demasiado fácil, ¿verdad? **Los estiramientos** siguen sin ser
una prioridad para la mayoría de las personas de nuestra sociedad. Esto es lo
que nos lleva a acarrear grandes dificultades físicas en nuestros últimos años
de vida.

Me imagino un futuro diferente para ti. Un futuro en el que tu cuerpo tenga
más movilidad y fuerza, y puedas moverte durante muchos años. Un futuro en
el que te sientas en forma y fuerte a una edad avanzada. Esto es posible y muy
fácil de conseguir con unas pocas acciones que te hagan sentir bien, todos
los días de tu vida.

Recuerda el principio de las endorfinas. Si extenuamos físicamente nuestro
cuerpo, se liberan endorfinas y desestresamos nuestra mente. Un estudio sobre los beneficios de practicar yoga demostró no solo un aumento de las endorfinas, sino también una reducción del cortisol, la hormona del estrés. Al
incorporar algo tan simple como el yoga, el beneficio puede ser doble: más
endorfinas para disminuir el estrés y menos hormonas del estrés.[39] Esto crea

una sensación de euforia en las personas, conocida como el subidón del yoga. Un estudio adicional constató niveles increíbles similares de activación de los sistemas de endorfinas, y esto se relacionó con una serie de beneficios adicionales para la salud entre los que se incluían mejoras en el sueño, la regulación emocional y la capacidad para superar retos físicos dolorosos.[40]

Nuestra misión es averiguar cómo podemos estirar el cuerpo con un poco más de frecuencia. Entiendo que algunos de los que estáis leyendo este libro ya seáis ávidos practicantes de yoga que no dejáis de estirar el cuerpo. Los que lo sois, estáis haciendo un trabajo increíble; seguid así. El resto, y es el grupo en el que yo me centraría, son aquellos que realmente no se molestan en estirar y lo encuentran aburrido. Tengo un plan para vosotros.

En primer lugar, quiero que compruebes ahora mismo cómo estás sentado. Dudo que ahora mismo estés de pie. Antes de arrastrar los pies o moverte, observa tu postura. Quizá notes que tienes los hombros hacia delante, la espalda, sobre todo la zona lumbar, curvada y las piernas en ángulo recto. Puede que ahora mismo estés tumbado en la bañera recibiendo ese baño de calor; si es así, eso está bien; disfrútalo. Para los que estéis sentados, esta posición es la que queremos aprender a corregir. Necesitamos una forma de enderezar y alargar la espalda. Para estirar la parte posterior de tus piernas. Para estirar la espalda con más frecuencia. Cuando la vida requería mucho más trabajo físico, nuestro cuerpo se movía constantemente por medio de una amplia gama de movimientos que ayudaba a mantener su movilidad.

Una rutina de estiramientos sencilla

Voy a guiarte hacia una rutina sencilla que harás al levantarte, a la hora de comer y antes de irte a dormir, todos los días, durante el resto de tu vida. Quizá te parezca demasiado. La buena noticia es que cada serie dura entre treinta y sesenta segundos.

Esta rutina tan solo tiene tres movimientos simples, y quiero que la hagas inmediatamente después de leer este párrafo.

MOVIMIENTO 1:
ESTIRAMIENTOS HACIA ARRIBA

De pie, extiende los brazos todo lo alto que puedas como si quisieras tocar el techo.

MOVIMIENTO 2:
ESTIRAMIENTOS HACIA ABAJO

Inclínate hacia delante y estira los brazos para tocarte los dedos de los pies. Estírate todo lo que puedas, hasta que lo notes en la parte posterior de las piernas. No te hagas daño.

MOVIMIENTO 3:
GIROS

Abre los brazos en cruz y pon las palmas mirando hacia abajo, en dirección al cuerpo. Gira los brazos alrededor del cuerpo en una dirección, primero hacia el lado izquierdo y luego hacia el lado derecho. Puede que oigas que te cruje un poco la espalda.

QUIERO QUE HAGAS ESTA RUTINA TRES VECES.

ASÍ QUE...

- Estírate hacia arriba y después hacia abajo, hacia los dedos de los pies
- Estírate hacia arriba y después hacia abajo, hacia los dedos de los pies
- Estírate hacia arriba y después hacia abajo, hacia los dedos de los pies

AHORA...

Con los brazos en cruz:

- Gira a la izquierda, y luego gira a la derecha
- Gira a la izquierda, y luego gira a la derecha
- Gira a la izquierda, y luego gira a la derecha

Ya está. Así de simple. Y es increíblemente eficaz.

Empieza a hacerlo tres veces al día, y tu movilidad comenzará a aumentar. Mientras estiras, fíjate en la afluencia de la sangre al cerebro que se genera, acompañada de una liberación de endorfinas.

ESTIRAR CON UNA BARRA

¿Alguna vez has utilizado un pasamanos o una barra de dominadas para intentar colgarte de ella? Quizá lo hayas hecho hace poco, o quizá sea algo que no hacías desde la infancia. Imaginemos que una mañana paseas por un parque y ves a un hombre o una mujer de setenta y cinco años estirando en una barra de dominadas. Te sorprendería. Pero, de nuevo, creo que así será tu futuro. El simple ejercicio de colgarse de una barra es una forma increíble de descomprimir la columna vertebral, alargar el cuerpo y mantenerlo tan móvil y fuerte como sea posible.

Tanto si vas a un gimnasio como si tienes un parque cerca, cada vez que veas una barra quiero que pruebes a colgarte de ella. Obviamente, hazlo con cuidado. Primero agárrate con las manos de la barra, mantén los pies en el suelo y afloja un poco las piernas para sentir cómo te sujetas. A medida que cojas confianza, levanta un pie del suelo y luego el otro. Poco a poco, empieza a colgarte de la barra. Empieza con tres segundos, luego cinco, luego diez. Llega hasta los treinta segundos. Hacer esto todos los días te cambiará la vida. Aumentará tus endorfinas en el presente y transformará tu calidad de vida en el futuro.

Estrategia

Nuestra estrategia de estiramientos está clara. Tienes que hacerlo tres veces al día. Al levantarte, a la hora de comer y antes de acostarte, vas a hacer tus estiramientos hacia arriba, tus estiramientos hacia abajo y tus giros. Esto enseguida empezará a cambiar la movilidad de tu cuerpo.

Después, cada vez que tengas acceso a una barra, tienes que practicar cómo estiras en ella. Empieza poco a poco y ve aumentando el tiempo a medida que te sientas más cómodo y seguro.

Nota importante: Si practicas yoga, pilates o una actividad diaria más larga, es algo esencial y deberías seguir haciéndolo. Estos estiramientos y movimientos con la barra de dominadas son para cualquier persona que necesite empezar a incorporarlos a su vida diaria.

A medida que empieces a estirarte más, tu cuerpo estará más en forma, disfrutará más del ejercicio, y tu capacidad para obtener tu dosis de endorfinas no dejará de aumentar.

Reto

A continuación, me gustaría que llevaras a cabo el reto de los estiramientos. Para hacer este reto, tienes que practicar tus estiramientos todos los días durante los próximos siete días (¡y también durante el resto de tu vida!).

Construyendo tu *efecto DOSE*

A lo largo de la parte 4, hemos explorado el verdadero poder de aumentar tus endorfinas con frecuencia y cómo esto no solo mejorará tu salud física, sino que reducirá significativamente tus niveles de estrés.

Ahora quiero que le dediques un momento a pensar en cuál de las cinco acciones principales relacionadas con las endorfinas te parece más importante seguir priorizando. Sería increíble que todos estos comportamientos fueran una prioridad para ti. Sin embargo, es primordial seleccionar un comportamiento principal y asegurarte de que se arraiga profundamente en tu vida.

¿CUÁL SERÁ TU ACCIÓN PRINCIPAL
relacionada con las endorfinas?

1. EJERCICIO
Encontrar la forma que más te guste de mover el cuerpo

2. CALOR
Acudir a ambientes calientes, ya sea en saunas o en baños

3. MÚSICA
Cantar y bailar a diario, sobre todo, por las mañanas

4. RISAS
Asegurarte de estar de vez en cuando en ambientes en los que poder reírte más

5. ESTIRAMIENTOS
Una rutina corta pero constante para mover el cuerpo

¡Recuerda contarle a un amigo o miembro de tu familia el reto principal relacionado con las endorfinas que hayas elegido!

Me hace mucha ilusión que hayas llegado tan lejos. Lo que has conseguido a lo largo de este libro es increíblemente maravilloso. Me doy cuenta de que no es fácil elegir leer en esos breves momentos de tiempo libre en los que hay tantas tentaciones clamando por nuestra atención. Concédete un segundo para felicitarte a ti mismo. Ahora te has embarcado en un camino totalmente nuevo para el resto de tu vida.

El objetivo principal es afianzar lo que te vas a llevar incorporado de este libro, y elegir las acciones que crees que tendrán una mayor repercusión en la experiencia de tu vida.

En primer lugar, vamos a construir tu efecto DOSE. Nos centraremos en cada sustancia química y seleccionaremos la acción clave a la que daremos prioridad cada día. Cuando hayas superado con éxito una acción relacionada con cada sustancia química, trabajaremos para seguir avanzando.

CONCLUSIÓN
CONCLUSIÓN
CONCLUSIÓN
CONCLUSIÓN
CONCLUSIÓN
CONCLUSIÓN
CONCLUSIÓN
CONCLUSIÓN
CONCLUSIÓN
CONCLUSIÓN

Dopamina

Empecemos por la dopamina. Recuerda que es la sustancia química que te impulsa en la vida. Controla lo motivado que te sientes y tu capacidad para no perder de vista tus objetivos. Surge de forma natural cuando haces actividades que te suponen un reto. También se producen picos y caídas no naturales de dopamina cuando optas con demasiada frecuencia por los comportamientos dopaminérgicos rápidos que ofrece nuestro mundo moderno.

1. ESTADO DE FLUJO

¿Crees que el estado de flujo debería ser la principal acción relacionada con la dopamina que deberías llevar a cabo? ¿Te ilusiona la idea de entrenar tu capacidad para sumergirte en un estado de concentración y productividad profundo todos los días? ¿Puedes aprender a superar esos primeros quince minutos de incomodidad que se experimentan cuando empiezas una tarea a fin de entrar en un estado de felicidad y realización relajada?

2. DISCIPLINA

¿Necesitas que la disciplina sea tu prioridad en estos momentos? ¿Necesitas aumentar tus niveles de dopamina por medio de llevar una vida más metódica y diligente? ¿Puedes ser más disciplinado a la hora de levantarte y hacer la cama? ¿Puedes asegurarte de tener tu casa organizada sin trastos por todas partes? Recuerda que tu entorno es una exteriorización de tu mente. Tenlo ordenado y observa la claridad con la que fluirán tus pensamientos.

3. AYUNO TELEFÓNICO

¿Eres adicto al móvil? Sé sincero contigo mismo. Lo cierto es que yo sí lo soy. Todos los días hago un gran esfuerzo consciente para alejarme de él. No es fácil, pero te cambia la vida. ¿Puedes comprometerte a ignorar el móvil por las mañanas nada más levantarte? ¿Puedes comprometerte a estar una hora sin utilizarlo por las tardes? Desarrollar la capacidad de encontrar momentos sin tecnología es una habilidad que mejorará tu calidad de vida con los años.

4. AGUA FRÍA

¿Necesitas desarrollar la tenacidad? ¿La fuerza de voluntad? ¿Y la capacidad para afrontar la incomodidad? ¿Quieres sentirte fuerte y empoderado a la hora de enfrentarte a retos? Sumergirte en agua fría te proporcionará el entrenamiento que necesitas para hacer justamente eso. No es sorprendente que el agua fría te haga daño a nivel físico y mental al entrar en contacto con tu cuerpo. Pero la sensación de logro, energía y claridad que genera merece la pena.

5. MI PROPÓSITO

¿Necesitas un objetivo claro en la vida? ¿Un objetivo tan importante por el que estés dispuesto a sacrificar momentos de satisfacción para conseguirlo? ¿Puedes definir un objetivo que te sea tan inspirador que para conseguirlo dejes de comprobar constantemente si tienes notificaciones en el móvil, dejes de comer dulces, de beber alcohol y de consumir pornografía, y hagas lo que sea necesario para alcanzarlo? No hay nada tan poderoso como tener una visión de futuro que prenda una llama en tu interior. ¿Puedes pasar un poco de tiempo en exteriores todos los días dando un paseo sin usar el móvil y dedicar ese momento a soñar y planear tu futuro?

Elige tu ACCIÓN relacionada con la DOPAMINA

1 ESTADO DE FLUJO

2 DISCIPLINA

3 AYUNO TELEFÓNICO

4 AGUA FRÍA

5 MI PROPÓSITO

Oxitocina

A continuación, pensemos en la oxitocina, la sustancia química mágica que nos permite entender de forma científica y clara nuestro verdadero propósito: quererte a ti mismo y a las personas que te rodean. Una sustancia química que se produce cuando nos ponemos al servicio de otras personas y de nosotros mismos. Reflexiona sobre qué acción relacionada con la oxitocina crees que tendría un impacto mayor en tu vida.

6. APORTAR

¿Sientes que estás centrado de verdad en apoyar y dar amor a las personas que te rodean? Pregúntate si te sientes satisfecho con cómo estás contribuyendo a nuestro mundo. Hay un poderoso sentimiento dentro de ti que quiere esto, que quiere apoyar a la gente. ¿Puedes pensar conscientemente todos los días en lo que les aportas a los demás? A veces, puede tratarse de grandes cosas; otras veces puede consistir simplemente en llamar a alguien y escucharle.

7. CONTACTO

¿El contacto físico con personas y animales te da paz? ¿Te relaja la mente? ¿Hace que te sientas más conectado y querido? ¿Crees que se ha reducido la cantidad de contacto físico en tu vida? ¿Puedes hacer un esfuerzo consciente para abrazar a tus amigos con más frecuencia? ¿Y a tu familia? Si tienes una relación romántica, ¿puedes hacer que el plano físico de vuestra relación sea más importante?

8. VIDA SOCIAL

¿Te gusta socializar? ¿Sientes que eres feliz y tienes energía al conectar con los demás? ¿Puedes ver con más frecuencia a tus amigos y familia para tomar café, dar paseos, cenar o hacer ejercicio? ¿Puedes comprobar de forma consciente todos los días si has hecho algo divertido con otra persona?

9. GRATITUD

¿Quieres experimentar todos los días un sentimiento subyacente de felicidad? ¿Un sentimiento de verdadera paz? Todos vivimos en un mundo del querer más. Más dinero, más ropa, casas mejores, vacaciones mejores, más amigos, más seguidores. Estamos viviendo en un estado de deseo constante, pero desear lo que no tienes supone vivir una vida de insatisfacciones. Sabemos que es importante soñar, pero la ausencia de gratitud por lo que ya tienes en la vida te hace infeliz. Te sugiero que todos los días dediques un momento a preguntarte: ¿Qué es lo más importante por lo que estoy agradecido ahora mismo? ¿Es una persona en concreto? ¿Tu casa? ¿Tu trabajo? ¿Tu salud? ¿La naturaleza? Durante unos segundos, ¿puedes sumergir tu mente todos los días en disfrutar lo que ya tienes? Si decides hacerlo, te espera una experiencia de vida más feliz.

10. LOGROS

¿Quieres creer de verdad en ti mismo? ¿Crees que puedes conseguir lo que te propongas, ya sea un objetivo relacionado con tu trabajo, tu salud o tus amistades? O simplemente el objetivo de quererte más a ti mismo, de hablarte a ti mismo de forma más amable y comprensiva. Todos los días, ¿puedes pararte un momento a felicitarte a ti mismo por los pequeños progresos que has hecho? Tal vez esto implique dejar de lado el móvil con más frecuencia, comer de forma más saludable, concentrarte mejor a la hora de trabajar o hablarte a ti mismo de tal forma que te levantes el ánimo cuando te mires en el espejo. Una acción sencilla diaria que refuerce de forma positiva los cambios que estás haciendo en tu vida cambiará tu voz interior y te llevará a experimentar la vida de forma más sana.

Escoge tu ACCIÓN relacionada con la OXITOCINA:

⑥ APORTAR   ⑨ GRATITUD

⑦ CONTACTO   ⑩ LOGROS

⑧ VIDA SOCIAL

Serotonina

A continuación, nos centraremos en la serotonina. La sustancia química natural. La sustancia química que simplemente quiere que seamos un ser humano, alguien a quien le gusta estar en exteriores, alimentarse con comida natural, dormir bien por la noche y respirar de tal forma que te genere paz en el corazón. La serotonina está aquí para guiarte hacia los comportamientos que mejorarán tu estado de ánimo y tu energía. Sobre todo, se genera en el intestino. Veamos qué acción relacionada con la serotonina tendría un mayor impacto en tu vida en el futuro.

11. LA NATURALEZA

¿Has empezado a experimentar el poder del entorno natural? Conectar con tus instintos es la clave para desbloquear tu capacidad de tomar decisiones más saludables. Ser capaz de saber lo que tu cuerpo quiere de verdad es una habilidad que debes desarrollar. Pasar algo de tiempo en entornos naturales a diario es vital. Un simple paseo por un parque, un bosque, una playa o cerca de un río es una forma de conseguirlo. Al estar en un entorno natural, ¿puedes desconectar de la tecnología y volver a conectar con el mundo natural que hay a tu alrededor? ¿Puedes escuchar, observar, oler y tocar la naturaleza que hay a tu alrededor?

12. LA LUZ SOLAR

¿La luz del sol influye en cómo te sientes? ¿Has probado a ver la luz del sol antes de meterte en las redes sociales por la mañana? Hacer un esfuerzo consciente para salir con más frecuencia podría ser un método para aumentar tus niveles de serotonina. Como ya sabes, podrías salir a la naturaleza, pero no necesariamente. Un momento al aire libre en una cafetería o estar sentado en casa mientras te da el aire fresco te brinda la oportunidad que necesitas para aumentar la serotonina y tener un cerebro más feliz y con más energía.

13. SALUD INTESTINAL

¿La respuesta para aumentar la serotonina está en lo que decides comer y beber? ¿Te parece atractiva una vida en la que tu cuerpo se nutra de alimentos naturales y nutritivos? ¿Cuándo suelen desaparecer los bajones de energía y son reemplazados por un estado de ánimo tranquilo, consistente y positivo? ¿Puedes renunciar a alimentos ultraprocesados y sustituirlos por alimentos integrales? ¿Puedes aumentar la ingesta de proteínas? ¿Aumentar el consumo de frutas y verduras? ¿Y asegurarte de que tu cuerpo está adecuadamente hidratado todos los días?

14. SUBPENSAR

¿Crees que siempre tienes algo en mente? ¿Sobrepiensas? ¿Sueles preocuparte con frecuencia? ¿Puedes hacer un esfuerzo consciente para aprender a frenar tu cuerpo y tu mente? Esto está en tu mano. Puedes decidir empezar una práctica de respiración sencilla y lenta a la que dedicarle unos minutos todos los días. La respiración no solo entrenará tu capacidad para sobrellevar los momentos difíciles, sino que, a la larga, conseguirás evitar que dichos momentos sucedan. ¿Puedes reaccionar en estos momentos de sobrepensar respirando de cierta forma, además de expresarle los sentimientos que te atormentan a alguien de confianza, o llevar a tu mente a un estado de gratitud para que vuelva a sentirse segura de nuevo?

15. SUEÑO PROFUNDO

¿Dormir bien por la noche cambia cómo te sientes al día siguiente? A lo largo de este viaje por *El efecto DOSE*, ¿te has despertado y te has sentido inmediatamente preparado para el día que tienes por delante? Esto solo es posible si dejas el móvil de lado y te vas a dormir a una hora razonable. Tu cuerpo necesita dormir. Tu cerebro también. ¿Puedes hacer que el sueño sea una prioridad en tu vida? ¿Estás dispuesto a sacrificar el trasnochar para disfrutar de mañanas en las que te despiertes antes y seas más feliz?

Escoge tu ACCIÓN relacionada con la SEROTONINA

11	NATURALEZA	14	SUBPENSAR
12	LUZ SOLAR	15	SUEÑO PROFUNDO
13	SALUD INTESTINAL		

Endorfinas

Por último, las endorfinas. Las sustancias químicas que son un regalo para nosotros. Las sustancias químicas que tienen la capacidad de desestresar el cerebro en cualquier momento. El mundo actual va rápido y es estresante, seamos sinceros. El hecho de que se nos haya dotado de unas sustancias químicas capaces de reducir inmediatamente nuestros niveles de estrés es increíble. Asegurarse de activar las endorfinas cada día es fundamental si quieres experimentar una vida relajada y tranquila.

16. EJERCICIO

¿Quieres sentirte en forma? ¿Quieres sentirte más fuerte? Si ahora mismo te preguntas: «¿Necesito hacer más ejercicio?», ¿qué respuesta te darían tu cerebro y tu cuerpo? Si la respuesta es sí, las endorfinas han entrado en acción. Tu objetivo con el ejercicio es la persistencia. La idea no es empezar con una gran rutina de ejercicio para abandonarla dos semanas después. Tu objetivo es explorar qué tipo de ejercicio hacer. Recuerda que el ejercicio no es algo que necesariamente haya de gustarte al principio. Es un reto, pero es algo que con el tiempo tu cuerpo aprenderá a disfrutar. Es importantísimo que encuentres tu propia forma de incorporarlo a tu día a día.

17. CALOR

¿El calor te calma? ¿Te has dado un baño o te has sentado en una sauna y has notado que te relajas? ¿Podría una simple práctica diaria de sumergirse en un ambiente caluroso, lejos del móvil, ser tu método para disfrutar de más endorfinas?

18. MÚSICA

¿Cómo te hace sentir la música? Más concretamente, ¿cómo te sientes al cantar y bailar? ¿Hacen que te sientas eufórico? ¿Presente? ¿Feliz? ¿Puedes bailar con más frecuencia? ¿Puedes aprenderte la letra de tus canciones favoritas y cantarlas con más frecuencia?

19. LA RISA

¿Te ríes lo suficiente? ¿Hay momentos en los que encuentras algo tan divertido que todas las preocupaciones de tu mente desaparecen y estás realmente
presente? ¿Puedes aumentar la frecuencia con la que te sitúas en entornos en
los que esto ocurre? ¿Puedes ver a tus amigos o a tu familia más a menudo?
¿Puedes evitar quejarte demasiado y dejar de hablar de toda la miseria y de-
solación que se cuentan en las noticias? ¿Puedes sumergirte en el lado más
divertido de la vida?

20. ESTIRAMIENTOS

¿Sientes que necesitas estirar el cuerpo? Si ahora mismo le preguntas a tu
cuerpo: «¿Quieres que te estire más?», ¿qué sensaciones instintivas surgen?
¿La respuesta es afirmativa? ¿Puedes levantarte todas las mañanas y hacer tus
estiramientos hacia arriba y hacia abajo y tus torsiones? ¿Puedes usar más a
menudo una barra para estirar la espalda y los hombros? ¿Puedes hacer yoga?

Escoge tu ACCIÓN relacionada con las ENDORFINAS

16	EJERCICIO	19	RISA
17	CALOR	20	ESTIRAMIENTOS
18	MÚSICA		

Tus acciones DOSE

Ahora que ya has elegido tus acciones DOSE diarias, vamos a explorar cómo
es tu día a día y qué acciones consideras que son más importantes para ello.
En las siguientes páginas, subraya una acción por sustancia química que se
ajuste a tus objetivos. Puedes hacer una foto, dejarlo escrito en la aplicación
de notas o hacer una copia e imprimirla.

Mañanas DOSE

ACCIÓN MATINAL PARA LA DOPAMINA:

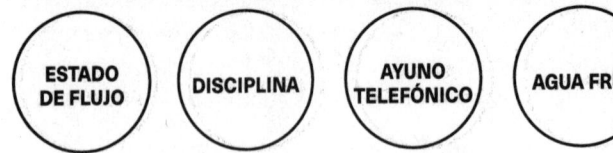

ESTADO DE FLUJO · DISCIPLINA · AYUNO TELEFÓNICO · AGUA FRÍA · MI PROPÓSITO

ACCIÓN MATINAL PARA LA OXITOCINA:

APORTAR · TACTO · VIDA SOCIAL · GRATITUD · LOGROS

ACCIÓN MATINAL PARA LA SEROTONINA:

NATURALEZA · LUZ SOLAR · SALUD INTESTINAL · SUBPENSAR · SUEÑO PROFUNDO

ACCIÓN MATINAL PARA LAS ENDORFINAS:

EJERCICIO · CALOR · MÚSICA · RISA · ESTIRAMIENTOS

Tardes DOSE

ACCIÓN VESPERTINA PARA LA DOPAMINA:

ESTADO DE FLUJO — DISCIPLINA — AYUNO TELEFÓNICO — AGUA FRÍA — MI PROPÓSITO

ACCIÓN VESPERTINA PARA LA OXITOCINA:

APORTAR — TACTO — VIDA SOCIAL — GRATITUD — LOGROS

ACCIÓN VESPERTINA PARA LA SEROTONINA:

NATURALEZA — LUZ SOLAR — SALUD INTESTINAL — SUBPENSAR — SUEÑO PROFUNDO

ACCIÓN VESPERTINA PARA LAS ENDORFINAS:

EJERCICIO — CALOR — MÚSICA — RISA — ESTIRAMIENTOS

Trabajo diario DOSE

ACCIÓN DE TRABAJO PARA LA DOPAMINA:

ESTADO DE FLUJO · DISCIPLINA · AYUNO TELEFÓNICO · AGUA FRÍA · MI PROPÓSITO

ACCIÓN DE TRABAJO PARA LA OXITOCINA:

APORTAR · TACTO · VIDA SOCIAL · GRATITUD · LOGROS

ACCIÓN DE TRABAJO PARA LA SEROTONINA:

NATURALEZA · LUZ SOLAR · SALUD INTESTINAL · SUBPENSAR · SUEÑO PROFUNDO

ACCIÓN DE TRABAJO PARA LAS ENDORFINAS:

EJERCICIO · CALOR · MÚSICA · RISA · ESTIRAMIENTOS

Día de descanso DOSE

ACCIÓN PARA LA DOPAMINA EN DÍA DE DESCANSO:

ESTADO DE FLUJO · DISCIPLINA · AYUNO TELEFÓNICO · AGUA FRÍA · MI PROPÓSITO

ACCIÓN PARA LA OXITOCINA EN DÍA DE DESCANSO:

APORTAR · TACTO · VIDA SOCIAL · GRATITUD · LOGROS

ACCIÓN PARA LA SEROTONINA EN DÍA DE DESCANSO:

NATURALEZA · LUZ SOLAR · SALUD INTESTINAL · SUBPENSAR · SUEÑO PROFUNDO

ACCIÓN PARA LAS ENDORFINAS EN DÍA DE DESCANSO:

EJERCICIO · CALOR · MÚSICA · RISA · ESTIRAMIENTOS

Combinaciones DOSE

Te doy la bienvenida a las combinaciones del efecto DOSE, una actividad sencilla, atractiva y divertida con la que llevarás tus conocimientos y capacidades al siguiente nivel.

Tu objetivo es pensar en una actividad que puedas realizar una vez a la semana y que te permita lograr múltiples acciones DOSE de forma simultánea. ¡De esta manera estimularás diferentes sustancias químicas a la misma vez! Veamos algunos ejemplos.

1. UNA CAMINATA GRUPAL

Pasa algo de tiempo en la naturaleza, al aire libre bajo la luz del sol, alejado del móvil, mientras socializas con tus amigos. Durante el tiempo que pasas fuera, caminas y tu cuerpo se esfuerza, comes algo sano y escuchas y cantas algo de música.

 A lo largo de esta actividad, activarás las cuatro sustancias químicas al hacer ayuno telefónico, tener vida social, estar en la naturaleza, recibir la luz del sol, mejorar tu salud intestinal, hacer ejercicio y escuchar música.

2. ORGANIZAR UNA CENA

Invita a amigos o familiares a una cena saludable. Mientras habláis, comentad algo por lo que estéis agradecidos en ese momento y algún logro reciente. Asegúrate de que todos los móviles estén en otra habitación durante toda la velada y echaos unas buenas risas.

 A lo largo de esta actividad, activarás las cuatro sustancias químicas al hacer ayuno telefónico, tener vida social, hablar de tus logros, mejorar tu salud intestinal y reírte.

Reto de combinaciones DOSE
Une tus propias acciones DOSE y ¡date a ti mismo un gran empujón!

3. HACER DEPORTE CON AMIGOS

Prepara un plan para practicar un deporte de tu elección en un parque local. Invita a algunos amigos y aseguraos de que todos contribuís a la jornada. Daos un abrazo cuando lleguéis. Pon algo de música. Lleva comida sana para picar. Y, mientras haces deporte, ¡intenta entrar en estado de flujo!

A lo largo esta actividad, activarás las cuatro sustancias químicas a través del estado de flujo, el ejercicio, a través de lo que les aportes a los demás, a través del tacto, la vida social, la naturaleza, la luz solar, la salud intestinal y la música.

4. SESIÓN DE TRABAJO PRODUCTIVA

Crea un plan para disfrutar de una sesión de trabajo en la que estés realmente centrado. Asegúrate de levantarte y tener una mañana disciplinada, da un paseo en el que recibas la luz del sol antes de ver las redes sociales. Cuando estés listo para centrarte, prepárate una bebida saludable como una infusión o un café, deja el móvil en otra habitación y pon algo de música *lofi*. No importa lo aburrido que estés o lo difícil que sea la tarea: no te distraigas durante cuarenta y cinco minutos. Una vez terminada la actividad, celebra lo que has conseguido y pasa un rato charlando con un amigo por videollamada.

Durante esta actividad, activarás las cuatro sustancias químicas a través del estado de flujo, la disciplina, el ayuno telefónico, mi propósito, la vida social, los logros, la luz solar, la salud intestinal, el ejercicio y la música.

5. LIMPIEZA A FONDO

Dedica una hora a limpiar a fondo una habitación de tu casa. Es una gran contribución que puedes hacer para ti mismo y, si vives con gente, también para los demás. Pon música. Deja el móvil en otra habitación. Asegúrate de que tienes un objetivo claro de lo que quieres conseguir para lo que hemos denominado «mi propósito». Céntrate en la tarea y después celebra lo que has conseguido viendo una película por la tarde sin mirar el móvil y acuéstate temprano.

Durante esta actividad, activarás las cuatro sustancias químicas a través de la disciplina, el ayuno telefónico, mi propósito, aportar a los demás, los logros, el sueño profundo y la música.

La revolución DOSE

Enhorabuena, ¡ya has experimentado *El efecto DOSE*! Es un gran logro. Espero que te sientas inmensamente orgulloso del compromiso que has hecho para llegar a esta parte de tu camino por *El efecto DOSE*, y espero que de verdad estés experimentando en tu vida los beneficios derivados del mismo.

El esbozado en este libro es un camino que seguirás recorriendo el resto de tu vida. Como ya tienes claro por lo que acabas de aprender sobre neurociencia, nuestro cerebro y nuestro cuerpo son algo en lo que debemos trabajar y que debemos apoyar constantemente. Lleva las acciones DOSE a tu vida, tus relaciones y tus conversaciones. Cuanto mejor entienda tu mente las acciones DOSE, más fácil te resultará que se conviertan en una parte intrínseca de tu modo de vida.

Es innegable que habrá momentos en los que dejes de lado tus nuevos hábitos saludables o en los que las tentaciones de la dopamina rápida se apoderen de ti, y no pasa nada. Forma parte de la vida del siglo XXI. En esos momentos, recuerda siempre comprobar cómo te sientes y, en concreto, cómo afecta cada una de tus decisiones a tu motivación, tus relaciones, tus niveles de energía y tu estado de ánimo. Cuanto más fácil te sea detectar cómo te afectan los comportamientos positivos y negativos de tu vida, más inteligentes serán las decisiones que tomes en tu día a día.

Si por casualidad te alejas del camino del efecto DOSE, solo tienes que volver a coger este libro y adentrarte de nuevo en él. Puedes empezar desde el principio, o elegir un capítulo concreto o una acción que te parezca pertinente, o puedes dirigirte a tu DOSE diario y crear un nuevo plan. También hay una versión en audiolibro de *El efecto DOSE* narrado por mí, con algunos consejos y trucos adicionales verdaderamente interesantes. Es una opción perfecta para cuando te preparas por la mañana, vas conduciendo en el coche o vas y vienes del trabajo. Escucharlo podría reavivar tu amor por el efecto DOSE y, al final, tu amor por ti mismo.

Si crees que *El efecto DOSE* ha tenido un impacto positivo en tu vida, me encantaría que me lo contaras. Leo todos los mensajes que recibo, y la parte más satisfactoria de mi existencia es cuando escucho que estas acciones han mejorado vuestra vida. Si te sientes inspirado para compartir estas ideas con tus amigos y familiares, hazlo, por favor. Estamos empezando la revolución DOSE y necesitamos que cada uno de vosotros desempeñe su papel para guiar a las personas de nuestro mundo hacia una nueva dirección.

Gracias por recorrer este camino conmigo. Esto solo es el principio. Hasta pronto.

T. J.

Agradecimientos

A papá

A mi inspirador padre, Thomas Power (el verdadero Thomas Power). Gracias por animarme a soñar a lo grande. Cuando era pequeño, todos los días me decías: «Nos convertimos en lo que pensamos». Me enseñaste que ninguna montaña es demasiado grande para escalarla.

A mamá

A mi cariñosa madre, Penny Power. Gracias por resolver cada problema con el que te he pedido ayuda. Gracias por enseñarme de forma inteligente a amar la sensación de ser disciplinado. Gracias por guiarme a ser cariñoso, a sentir las emociones de los demás y a creer en mí mismo.

A Hannah Power

A mi preciosa hermana, Hannah Power. Gracias por estar a mi lado durante todo este proceso de escritura, por ser mi compañera adicta a la dopamina, y por inspirarme a cuidar de mi salud, gestionar mis adicciones y vivir mi vida tal como es.

A Ross Power

A la leyenda que es mi hermano, Ross Power. Gracias por enseñarme a entender que el esfuerzo es la clave de la vida. Verte luchar por ser grande durante mi adolescencia y más allá me inspiró a seguir tu camino. Hermano, gracias por abrirme los ojos a la idea de que este camino era posible.

A Georgia Farrar

A mi preciosa novia, Georgia Farrar. Gracias por darme la confianza para ser yo mismo. Por permitirme vivir mi vida como un cazador-recolector, a pesar de lo raro que sería esto para la mayoría de la gente. Tu capacidad para escucharme y guiarme hacia las acciones que maximizará el impacto del efecto DOSE en nuestro mundo es increíblemente maravilloso. Muchas gracias.

A Alex Eastman

A mi primo el sabio, Alex Eastman. Gracias por hacer que conecte conmigo mismo, por inspirar mi creatividad y, por supuesto, por esa noche en la que realmente cambiaste mi vida. Este libro es el resultado de la inmensa sabiduría que has compartido conmigo.

A Jerry Fox

A mi guía consciente, Jerry Fox. Gracias por hacerme parar, ayudarme a reflexionar y por enseñarme a ser consciente, a escuchar mis pensamientos y a vivir la vida a un ritmo que permita dejar huella y disfrutar de la longevidad.

A Jen Horner

A la reina de la eficacia y el humor, Jen Horner. Gracias por hacer que el trabajo y la vida sean increíblemente divertidos mientras te aseguras de que sigamos siendo hipereficaces en los próximos años.

A Stein Kolman

Al hombre que hizo esto realidad, Stein Kolman. Gracias por permitirme encontrar mi lugar en internet y por construir Neurify conmigo. Estoy deseando ver lo que crearemos juntos.

A Karam Sihra

A mi segundo cerebro, Karam Sihra. Gracias por saber sobrellevar mi hiperpreciso y algo excéntrico cerebro de forma tan asombrosa, por ver la visión que habita en lo más profundo de mis pensamientos y por traer esa visión a nuestro mundo.

A Clay Jubran

Al genio de la educación en línea, Clay Jubran. Gracias por ayudarme a descubrir la forma más inteligente de compartir DOSE con el mundo *on-line*. Tu capacidad para entender nuestra misión y hacérsela llegar a nuestra comunidad ha revolucionado su impacto.

A Tom, Bev y el equipo de HarperCollins

A mis increíbles agentes, Tom Wright y Bev James, y al increíble equipo de HarperCollins. Gracias por vuestro fascinante nivel de confianza en mí y en DOSE. Desde el momento en el que nos conocimos, supe que este equipo podía cambiar el mundo. Gracias por hacerlo realidad.

A T. J. Power

Y a mí mismo... Sé que esto no es lo habitual, pero, dado todo lo que dije en el capítulo dedicado a los logros, siento que escribir esto es lo apropiado.

Gracias por enfrentarte cada día a tus miedos y por adentrarte en la tranquilidad, en la naturaleza, alejado del móvil. Gracias por escuchar esa voz crítica que hay en tu mente, por aprender a gestionar tus adicciones y por reflexionar profundamente sobre el futuro de la salud de nuestro mundo para encontrar esta respuesta.

Referencias

Todas las referencias citadas en este libro están disponibles en la página web de DOSE. Puedes acceder a la lista completa de referencias, junto con los enlaces a las fuentes originales, al entrar en *www.thedoselab.com*.